[美] 阿尔弗雷德·S. 波萨门蒂　　[德] 英格玛·莱曼　著

涂泓　冯承天　译

圆周率

持续数千年的数学探索

U0397477

上海科技教育出版社

图书在版编目(CIP)数据

圆周率:持续数千年的数学探索 / (美)阿尔弗雷德·S.波萨门蒂,(德)英格玛·莱曼著;涂泓,冯承天译. -- 上海:上海科技教育出版社,2024.12.

(数学桥丛书). -- ISBN 978-7-5428-8290-5

Ⅰ.O123.3-49

中国国家版本馆 CIP 数据核字第 2024HW0909 号

责任编辑　赵新龙　卢源
封面设计　符劼

数学桥 丛书

圆周率——持续数千年的数学探索

[美]阿尔弗雷德·S.波萨门蒂　[德]英格玛·莱曼　著

涂泓　冯承天　译

出版发行　上海科技教育出版社有限公司
　　　　　(上海市闵行区号景路 159 弄 A 座 8 楼　邮政编码 201101)

网　　址　www.sste.com　www.ewen.co
经　　销　各地新华书店
印　　刷　启东市人民印刷有限公司
开　　本　720×1000　1/16
印　　张　16.25
版　　次　2024 年 12 月第 1 版
印　　次　2024 年 12 月第 1 次印刷
书　　号　ISBN 978-7-5428-8290-5/N·1234
图　　字　09-2023-0072 号
定　　价　66.00 元

致　谢

　　为广大读者讲述 π 的故事是一项艰巨的任务,这让我们花了很多时间去研究和更新我们在从事数学工作的几十年中所积累的有关这个迷人的数的许多花絮。这个过程既有趣,也很充实。然而,最困难的部分是能够将 π 的故事以一种恰当的方式呈现出来,使得广大读者也能够与我们分享这个数的奇妙之处。因此,我们必须征求局外人的意见。我们要感谢纽约城市学院的同事科恩(Jacob Cohen)和沃尔(Edward Wall)对整部手稿的敏锐视角,并对我们为广大读者撰写的努力所发表的种种宝贵的意见。里根(Linda Greenspan Regan)是最初敦促我们写这本书的人,她从一般读者的角度对手稿给出了很好的批评。莱曼博士感谢文森特(Kristan Vincent)不时提供的支持,帮助他找到最能表达自己想法的正确英语单词。豪普特曼博士感谢赫夫纳(Deanna M. Hefner)帮他输入了后记,并感谢图加克(Melda Tugac)提供的一些附图。特别感谢迪默(Peggy Deemer)出色的文字编辑工作,并在保持手稿数学完整性的同时,向我们介绍了英语的最新惯用表达。

　　在本书写作过程中,芭芭拉(Barbara)和萨拜因(Sabine)所表现出的耐心,对于本书的最终圆满成功起到至关重要的作用,这是显而易见的。

序　言

　　本书的书名无疑清楚地表明了这是一本关于 π 的书,但你可能会想,只是一个数而已,怎么可能写出一本书? 我们希望通过这本书来说服你,π 不是一个普通的数。相反,它是一个特别的数,会在诸多意想不到的地方出现。你还会发现,这个数在整个数学中是多么有用。我们希望以一种通俗易懂的方式向你介绍 π,从而使你意识到这个极为重要的数所具有的固有的美。

　　你可能还记得,在学校课程中,π 的取值是 3.14、$3\frac{1}{7}\left(\frac{22}{7}\right)$。对于学生来说,这就足足有余了。使用 π≈3 可能更简单。但 π 是什么? π 真正的值是多少? 我们如何确定 π 的值? 古人是如何计算它的? 现今如何使用最现代化的技术来求 π 的值? π 的值可以如何使用? 这些问题在你最初阅读本书时,我们就会探讨。

　　我们会首先告诉你 π 是什么,以及它的大致来源,由此引入 π 这个数。就像任何传记一样(这本书也不例外),我们会告诉你是谁给它命名的,为什么这样命名,以及它是如何成长为今天的样子的。第 1 章会告诉你 π 的本质是什么,以及它如何获得了其目前的突出的地位。

　　在第 2 章中,我们将与你一起了解 π 的演化简史。这段历史可以追溯到大约 4000 年前。要了解 π 的概念有多古老,请将它与我们的数字系统比较一下，我们现在的十进制位值从 1202 年才开始在西方世界使用！[①] 我们将回顾发现 π 这一比值是一个常数的过程，以及为了确定它的值所做的许多努力。在这一过程中，我们将考虑各种各样的问题，比如《圣经》中提到的 π 的值，以及它的值与概率领域的联系。一旦计算机作为工具被人们用于寻找 π 的"确切"值的追求中，局面就发生了改观。现在的问题不再是求出数学解答，而是计算机能够多快、多精确地为我们提供精度越来越高的 π 值。

在回顾了 π 值的发展史以后，第 3 章阐明了计算 π 值的各种方法。我们选出了各种各样的方法，有些是精确的，有些是试验性的，还有一些只是很好的猜测。选择它们是为了让广大读者不仅能够理解它们，而且能够独立地应用它们来生成 π 的值。还有许多非常复杂的生成 π 值的方法，但这些方法远远超出了本书的范围。我们始终考虑到这本书的难度要适合一般读者。

古往今来，发生了所有这些以 π 为中心的令人兴奋的事情，难怪它吸引了一批狂热的追随者，追逐这个难以捉摸的数。第 4 章集中介绍了数学家和数学爱好者的种种活动和发现，他们以古代数学家从未想过的方式探索了 π 的值及其相关领域。此外，随着计算机的出现，他们找到

---

① 在西欧，第一本叙述了阿拉伯数字的书是斐波那契（Fibonacci）1202 年的《计算之书》（*Liber Abaci*）。——原注

参见《斐波那契数列：定义自然法则的数学》，阿尔弗雷德·S. 波萨门蒂、英格玛·莱曼著，涂泓、冯承天译，上海科技教育出版社，2024。——译注

了新的探索途径。我们会在这一章中看到其中的一些。

作为第 4 章的一个延伸，我们还会介绍一些以 π 的值与概念为中心的奇趣现象。第 5 章展示了这些奇趣。在这一章中，我们研究 π 如何与另外一些著名的数以及其他看似无关的概念(如连分数)相联系。同样，我们会限制我们讨论的内容所需的数学知识，使它们不会超过高中数学的水平。你不仅会被一些 π 的估计值逗乐，甚至可能会受到启发，开发出自己的版本。

第 6 章专门介绍 π 的应用。在这开头，我们会讨论另一个图形，它与圆关系密切，但不是圆。这个勒洛三角形真的是一个有趣的例子，说明了 π 是如何在圆之外的几何形状中发挥作用的。在这里，我们开始讨论一些圆的应用。你会发现 π 是如何无处不在的——它总是会出现！这一章中包含了一些有用的解题技巧，可以让你从一个非常不同的角度看待一个普通的情况——事实证明这可能会相当富有成效。

在最后一章中，我们会展示 π 与圆之间的一些令人惊讶的关系。我们将要呈现一根绕着地球赤道放置的绳子，这种情况肯定会挑战每个人的直觉。虽然这是相对较短的一章，但它一定会让你吃惊。

我们的目的是让广大读者认识到围绕着 π 的无数主题，它们促成了数学之美。我们会提供关于这个著名的数在数学领域的许多"恶作剧"。也许你会觉得有动力进一步追求 π 的某些方面，你们中的一些人甚至可能加入 π 爱好者的行列。

阿尔弗雷德·S.波萨门蒂和英格玛·莱曼

2004 年 4 月 18 日

目　　录

MULU 目录

第1章 π是什么?

π 简介

这是一本关于我们称之为 π 的神秘的数的书(发音为"pie",而在欧洲大部分地区发音为"pee")。大多数人对 π 的记忆是,它在学校的数学课中经常被提及。反过来,当被问及我们在学校里学到了什么数学知识时,首先想到的事情之一也是关于 π 的。我们通常会记得那些带有 π 的常用公式,例如 $2\pi r$ 或 πr^2。(直到今天,仍有一些成年人喜欢重复对 πr^2 的那个傻乎乎的回答:"不,馅饼是圆的!"[①])但我们还记得这些公式代表什么吗? 或者还记得这个叫作 π 的东西是什么吗? 通常都不记得了。那么,为什么要写一本关于 π 的书呢? 碰巧的是,对于 π 的概念,几乎出现了一群近乎狂热的追随者。关于 π 还有其他一些书籍。互联网网站会报道 π 的一些情况,俱乐部会开会讨论它的各种特征,我们甚至专门选一天来庆祝它,这一天是 3 月 14 日。巧合的是,这一天也是爱因斯坦(Alberrt Einstein)的生日(1879 年)。你可能想知道为什么 3 月 14 日这一天被选为 π 日。如果你记得在学校里 π 所取的常用值(3.14),那么答

---

① πr^2 在英文中的读音和"馅饼是正方形的"(Pie are square)是一样的。——译注

案就变得显而易见了。①

　　毫无疑问，π这个符号只是希腊字母表中的一个字母。虽然这个特定的字母在希腊字母表中并没有什么特别之处，但它被选中是出于我们稍后将探讨的原因，即用它来代表一个充满各种奇异的阴谋和故事的比值。它原本只是希腊字母表中的一个字母，然后代表了一个极为重要的几何常数，接下去又出人意料地出现在数学的其他各个领域之中。它困扰了一代又一代数学家，使他们面临一系列的挑战：定义它，确定它的值，并解释它何以不时令人惊讶地出现在许多相关的领域。像π这样无所不在的数，使数学成为许多人心目中的一门有趣而美丽的学科。我们的目的是通过熟悉π来展示这种美。

① 在美国，人们把这个日期写成 3/14。——原注

π 的方方面面

我们在这里的目的不是破译无数复杂的方程,解决难题,或试图解释一些无法解释的问题。相反,我们的目的是探索 π 这个著名的数的美丽甚至好玩的方面,并展示为什么它激励了几个世纪的数学家和数学爱好者进一步追寻和研究与它相关的概念。我们将看到 π 如何扮演了出人意料的角色,出现在最意想不到的地方,并为计算机专家们去寻找它的更精确十进制近似值提供了永无止境的挑战。乍一看,试图进一步使 π 的值更精确似乎毫无意义。但请你对这种吸引了几代狂热者的挑战持开放态度。

这本书的主题是要理解 π 以及它的一些最美丽的方面。因此,我们应该从定义 π 开始,来讨论和探索它。对一些人来说,π 只不过是按一下计算器上的那个按钮,然后一个特定的数就会出现在显示屏上,但对另一些人来说,这个数却有着难以想象的魅力。按照计算器显示屏的大小,显示的数会是

> 3. 141 592 7,
>
> 3. 141 592 654,
>
> 3. 141 592 653 59,
>
> 3. 141 592 653 589 793 238 462 643 383 279 5,或者甚至更长

按一下这个按钮,计算器仍然不能告诉我们 π 到底是什么,我们只是有一个灵巧的方法来得到 π 的十进制值罢了。也许这就是学生们关于 π 需要了解的全部内容:它代表了一个可能会有用的特定的数。然而,在这里,学生们由于只关注 π 在特定公式中的应用,且仅仅通过按一个按钮来自动得到它的值,所以会犯一个巨大的错误,即忽视了这一主题的重要性。

符号 π

符号 π 本来只是希腊字母表中的第 16 个字母,但因其在数学中代表的值而声名鹊起。古代的希伯来语和希腊语中没有数字符号。因此,这两种文字的各个字母也用来充当数字符号。由于希腊字母表只有 24 个字母,而当时的计数需要 27 个字母,因此他们又附加地使用了三个闪米特字母,即 F[digamma](代表 6),Ϙ[qoph](表示 90)和 Ϡ[san](表示 900)。

公元前 5 世纪初的希腊人使用了下面的计数符号①:

α	β	γ	δ	ε	F	ζ	η	θ
1	2	3	4	5	6	7	8	9
ι	κ	λ	μ	ν	ξ	o	π	Ϙ
10	20	30	40	50	60	70	80	90
ρ	σ	τ	υ	φ	χ	ψ	ω	Ϡ
100	200	300	400	500	600	700	800	900
,α	,β	,γ	,δ	,ε	,F	,ζ	,η	,θ
1000	2000	3000	4000	5000	6000	7000	8000	9000

因此,在古希腊的课本中,π 是用来表示数字 80 的。碰巧,具有相同读音的希伯来字母 פ(pe)也用来表示这一数值。

---

① 逗号写在左边表示千。在数字符号下方写一个 M 表示万。此表来自伊夫拉(Georges Ifrah),《数字通史》(*Universal History of Numerals*, New York:Campus, 1986),第 289 页。——原注

关于 π 的回忆

也许是出于巧合,或者是出于一些非常松散的联想,字母 π 后来被数学家选中,用来表示与圆有关的一个非常重要的常数值。请记住,圆是最对称的平面几何图形,它的历史可以追溯到史前时代。具体来说,人们选择用 π 来表示**圆的周长与其直径之比**。[①] 这可用符号表示为 $\pi = \dfrac{C}{d}$,其中 C 表示圆的周长,d 表示该圆的直径。圆的直径是其半径的两倍,即 $d = 2r$,其中 r 是半径。如果我们用 $2r$ 代替 d,就得到 $\pi = \dfrac{C}{2r}$,这样就得出了著名的圆的周长公式:$C = 2\pi r$,它的另一种形式是 $C = \pi d$。

包含 π 的另一个常见公式:圆的面积是 πr^2。圆的周长公式可直接根据 π 的定义得到,而建立圆的面积公式则更为复杂。

---

① 纯粹主义者可能会问:我们怎么知道这个比值对所有的圆都是一样的?我们暂且假定这个比值是一个常数。——原注

圆的面积公式

让我们来讨论一个半径为 r 的圆的面积公式（$S = \pi r^2$），用一种相对简单的方法"推导"。我们首先在一张纸板上画一个大小适当的圆。把其圆周（360°）分成 16 条相等的弧。要做到这一点，可以相继标出 22.5°的圆弧，也可以将圆平分为 2 个半圆，再平分为 4 条四分之一圆弧，然后继续平分每一条四分之一圆弧，以此类推。

这样我们就分割出了 16 个扇形（图 1.1），然后将它们分开，并按照图 1.2 所示的方式放置。

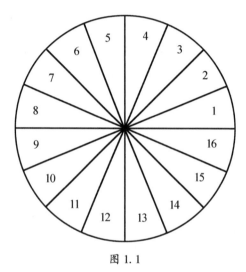

图 1.1

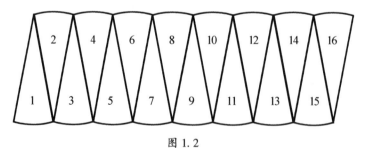

图 1.2

这样放置后得到的是一个近似于平行四边形①的图形。也就是说，如果把圆切成更多的扇形，那么这样构成的图形看起来会更像一个真正的平行四边形。让我们假设它是一个平行四边形。在这种情况下，它的底的长度就是原来的圆周长的一半，因为该圆的两个半圆弧各用于构成这个近似平行四边形的两条对边。换句话说，我们构成了一个类似平行四边形的形状，其中一组对边不是一条直线，而是一些圆弧。我们会将它们当成直线继续下去，但要认识到在这个过程中会损失一些精确性。此时底边长度为 $\frac{1}{2}C$。由于 $C=2\pi r$，因此底边长度就是 πr。这个平行四边形的面积等于其底边和高的乘积。这里的高实际上就是原来那个圆的半径 r。因此，这个"平行四边形"的面积(实际上就是我们刚刚切开的那个圆的面积)就是 $\pi r \cdot r = \pi r^2$。这就给出了众所周知的圆的面积公式。对于一些读者来说，这样做很可能是他们第一次认识到著名的圆的面积公式 $S=\pi r^2$ 的真正意义。

---

① 平行四边形是指两组对边分别平行的四边形。——原注

正方形和圆

我们不想把读者的注意力转移到太远的地方去,不过还有一件有趣的事情可以指出,那就是 π 有下面这个独一无二的特点:取一个正方形,使其边长等于一个圆的半径,并将此正方形的面积与该圆的面积作比较,如图 1.3 所示。在这种情况下,π 是连接两者的常量。这是因为正方形的面积(图 1.3)为 r^2,将其乘 π 就得出了圆的面积:πr^2。

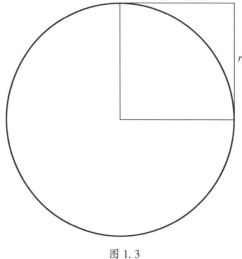

图 1.3

π 的值

既然我们已经理解了 π 在这些我们很熟悉的公式中的含义,那么接下来我们将探索 π 这个比值的实际值。确定这个比值的一种方法是仔细测量一个圆的周长和直径,然后求出这两个值的比值。这可以用卷尺或一根绳子来完成。经过非常仔细的测量,你可能会得到 3.14 这一结果,但我们往往是达不到这样的精度的。事实上,为了表明获得这个小数点后两位精度的值有多难,可以设想一下有 25 个人用不同大小的圆形物体进行测量实验。然后再求出他们所得结果(即每个人测得的周长除以他们测得的直径)的平均值。你可能很难达到 3.14 这一精度。

你可能还记得,在学校里,π 的常用值是 3.14 或 $\frac{22}{7}$。两者都只是近似值,我们无法得到 π 的确切值。那么,如何获得 π 的值呢?我们现在来看看几个世纪以来数学家们为了获得更精确的 π 值而采用的一些巧妙方法。一些很有趣,另一些则令人感到困惑。不过,其中的大多数方法除了能得到更接近 π 的近似值,还具有其他重要意义。

2002 年 12 月,东京大学信息技术中心长期研究 π 的金田康正(Yasumasa Kanada)教授和其他 9 人,在经过最新的努力后将 π 的值计算到了小数点后 1.24 万亿位,这是此前已知最高精度(1999 年计算得到)的 6 倍。他们用日立 SR8000 超级计算机完成了这一壮举,该计算机每秒能够进行 2 万亿次计算。你可能会问,为什么我们需要将 π 的值计算到如此高的精度?我们不需要。这些计算方法只是用来检查计算机的准确性和计算程序(有时被称为算法)的精密程度,即检查准确性和有效性。检查其准确性和有效性的另一种途径是:看看计算机需要多长时间才能得到准确的结果。金田博士的计算机花了 600 多个小时才完成这项创纪录的计算。

考虑一下 1.24 万亿这个数有多大也许是值得一做的。如果有人活了 1.24 万亿秒,那么你认为他可能有多大岁数?这个问题可能看起来很烦人,因为它需要考虑一个非常小的单位的很多很多倍。不过,我们知道 1 秒钟有多长。但是 1 万亿有多大？1 万亿是 1 000 000 000 000，或者说 1 后面跟 12 个 0。我们可以计算出一年有多少秒：$365 \times 24 \times 60 \times 60 = 31\ 536\ 000$（秒）。因此 $\dfrac{1\ 000\ 000\ 000\ 000}{31\ 536\ 000} = 31\ 709.\ 791\ 987\ 376\ 458\ 650\ 431\ 253\ 170\ 979\ 2 \approx$ 31 710（年），也就是说此人要活到 31 710 岁才能活够 1 万亿秒！

π 的值还有一个令我们着迷的地方。一个普通分数会给出一个循环小数，而 π 不会。循环小数是指最终会无限重复其一个或几个数字的无限小数。如 $\dfrac{1}{3}$。将 1 除以 3，我们就会得到与它等价的小数 $0.\dot{3}$。① 这个小数的循环节长度为 1，这意味着它的一个数字 3 会无限重复。

以下是其他一些循环小数：

$$\frac{2}{3} = 0.\dot{6}, \frac{2}{7} = 0.\dot{2}8571\dot{4}$$

我们在一个重复周期的头尾数字上方放置圆点（周期为 1 时只有 1 个点），表示它的连续重复。$\dfrac{2}{7}$ 的小数形式的循环节长度为 6，因为有 6 个数字连续重复。

π 的十进制值没有周期性的重复。事实上，尽管有些人会使用 π 的许多位数的十进制近似值作为一个随机数表（这对于将统计样本随机化是很有用的），但其中实际上存在着一个缺陷。当你观察 π 的前 1000 位小数时，你不会看到 10 个数字中的各个数字有相同的出现频率。如果你去数一下，就会发现即使在前 150 位，各个数字出现的频率也不同。例如，7 出现的次数（前 150 位中出现了 10 次）少于 3 出现的次数（前 150 位中出现了 16 次）。我们稍后会研究这种情况。

---

① 3 上方的圆点表示 3 无限重复。——原注

π 的古怪之处

这串数字有许多古怪之处。数学家康威(John Conway)指出,如果你把 π 值的小数部分分成 10 个数字一组,那么在其中任意一组中出现所有 10 个数字的概率大约是四万分之一。然而,他指出,在第 7 组确实发生了 10 个数字都出现的情况。正如你在下面的分组中看到的:

π = 3. 1415926535 8979323846 2643383279 5028841971

6939937510 5820914944 $\boxed{5923078164}$ 0628620899 8628034825

3421170679 8214808651 3282306647 0938446095 5058223172

5359408128…

另一种说法是,这些 10 个一组的数字,每隔一组至少有一个重复数字。这些数字的和也显示了一些不错的结果:前 144 位的和是 666,这个数有一些奇异的性质,我们稍后会看到。

有时,我们会偶然发现一些涉及 π 的现象是与圆全然无关的。例如,一个随机选择的正整数只有互不相同的素因子①的概率是 $\frac{6}{\pi^2}$。显然,这种关系与圆无关,但它涉及圆中的比值 π。这只是有着数百年魅力的 π 的又一个特征。

---

① 如果一个数的因子都是素数,并且每个因子只出现一次,那么这些因子就称为这个数的"互不相同的素因子"。例如,105 这个数具有互不相同的素因子:3、5 和 7,而 315 这个数则不具有互不相同的素因子,因为它的因子是 3、3、5 和 7,其中素数 3 是重复的。——原注

π 值的演化

对于计算 π 值的冒险,有很多故事可以讲述。我们将在接下来的几章中考虑一些不同寻常的努力。然而,值得注意的是,叙拉古的阿基米德(Archimedes of Syracuse,前287—前212)表明了 π 的值在 $3\frac{10}{71}$ 和 $3\frac{1}{7}$ 之间,也就是说,

$$3\frac{10}{71} < \pi < 3\frac{1}{7}$$

$$\frac{223}{71} < \pi < \frac{22}{7}$$

$$3.1408\cdots < \pi < 3.1428\cdots$$

荷兰数学家鲁道夫·范科伊伦(Ludolph van Ceulen,1540—1610)将 π 计算到了小数点后35位,因此这一比值一度被称为**鲁道夫数**。当鲁道夫·范科伊伦完成了他的计算后,他写下了这句话:"Die lust heeft, can naerder comen"(有志者事竟成)。

剑桥大学和牛津大学的数学教授沃利斯(John Wallis,1616—1703)发现了另一种计算 π 的早期技术,他随后将其发表在他撰写的《无穷算术》(*Arithmetica infinitorum*,1655)一书中。在此书中,他提出了一个 π 的公式(实际上是 $\frac{\pi}{2}$ 的公式,然后我们只要将其加倍就得到了 π)。以下是沃利斯的公式:

$$\frac{\pi}{2} = \frac{2\times2}{1\times3} \times \frac{4\times4}{3\times5} \times \frac{6\times6}{5\times7} \times \frac{8\times8}{7\times9} \times \cdots \times \frac{2n\times2n}{(2n-1)\times(2n+1)} \times \cdots$$

这个乘积收敛到 $\frac{\pi}{2}$。这意味着随着项数的增加,它越来越接近 $\frac{\pi}{2}$ 这个值。

π 的值究竟有什么令人如此着迷的地方?首先,它不能通过加、减、乘、除的组合运算计算出来。亚里士多德(Aristotle,前384—前322)就曾

对此有所察觉。他假设 π 是一个无理数①，换言之，圆的周长和半径是不可公度的。这意味着不存在一个通用的度量单位，可以让我们同时测量周长和半径。1806 年②，法国数学家勒让德（Adrien-Marie Legendre，1752—1833）证明了这一点——那是在亚里士多德的 2000 多年之后！③

但更令人着迷的是，π 也不能通过加、减、乘、除和**开平方根**的组合运算计算出来。这意味着 π 是一种被称为超越数④的非有理数。瑞士数学家欧拉（Leonhard Euler，1707—1783）已经察觉到了这一点⑤，但最先证明这一点的是德国数学家林德曼（Ferdinand Lindemann，1852—1939），他于 1882 年首次给出了证明。请记住，有时证明某事不可能做到比证明一件事有可能做到要困难得多。因此，林德曼证明了 π 不能由加、减、乘、除和开平方根这五种运算的组合产生，这对我们关于数学的理解的发展是一个相当重要的贡献。

π 被确定为一个超越数，这使所有寻找"化圆为方"的方法的人都丧失了希望。"化圆为方"是指作⑥一个边长为 a 的正方形，使其面积等于半径为 r 的给定圆的面积。林德曼一劳永逸地扼杀了这种希望。当我们在下一章讨论 π 的历史时，你会发现，在很大程度上，正是这种对化圆为方的追求导致了求 π 的越来越精确的近似值。尽管林德曼和其他人的研究都表明这种化圆为方是不可能做到的，但每年还是会有许多爱好者向大学寄去化圆为方的"证明"。他们不接受，或者说无法接受不可能将

① 无理数是指不能用分子和分母都是整数的分数来表示的数。——原注
② 在德国数学家朗伯（Johann Heinrich Lambert，1728—1777）1767 年给出的证明中有一个缺陷。——原注
③ 参见冯承天著，《从代数基本定律到超越数：一段经典数学的奇幻之旅》，华东师范大学出版社，2019。——原注
④ 超越数是指不是任何有理系数多项式方程的根的数。另一种说法是，它是一个不能表示为四种基本算术运算和开方运算构成的数。换言之，它是一个不能用代数方式表示的数。π 就是这样一个数。——原注
⑤ **超越数**一词是欧拉引入的。——原注
⑥ 我们这里的"作"指的是欧几里得作图，即用一副圆规和一把无刻度的直尺来作图。——原注

圆化为正方形这一观念。他们无法理解,当某件事被证明为不可能时,这并不意味着我们不知道如何去做,相反,我们证明了这件事是不可能做到的。

用 π 强化我们的直觉

即使在日常生活中,了解 π 真正代表着什么,也可以提高我们对一些错觉的理解。这里有一个简单的例子,说明这些知识如何使我们更客观地看待几何世界。取一个又细又高的圆柱形水杯。问一位朋友,这个水杯的周长是大于还是小于它的高度,选择的玻璃杯应使其"看起来"高度大于周长(典型的细高水杯都符合这一要求)。现在问问你的这位朋友,除了用一根绳子外,她会如何去验证自己的猜测。提醒她一下,圆的周长公式是 $C=\pi d$(即 π 乘直径)。她应该记得 $\pi \approx 3.14$ 是通常所使用的近似值,但我们会更粗略地使用 $\pi \approx 3$。因此,圆的周长会是其直径的 3倍,用一根棍子或铅笔就可以很容易地"测量"出此时的直径,然后沿着这个玻璃杯标出直径的 3 倍的高度。通常情况下,你会发现这个玻璃杯的周长是大于其高度的,尽管"看起来"不是这样。这个小小的视觉把戏可以用来展示知道圆的周长与直径之比(即 π)的值的有用之处。

《圣经》中 π 取什么值

让我们暂时停留在 π 的这个"粗略"近似值上。如果我告诉你，几个世纪以来，学者们一直认为这就是 π 在圣经时代的值，你一定会感到惊讶。多年来，几乎所有关于数学史的书籍都指出，π 在历史上最早出现的地方，即在《圣经》的《旧约》中，它的值为 3。然而，最近的"侦探工作"却表明了另一种情况。①

人们总是喜欢这样一种观念：一个隐藏的密码可以揭示一些遗失已久的秘密。对《圣经》中 π 值的常见解释就是这样。《圣经》中有两个地方出现了相同的句子，在这两个句子中只有一个单词拼写不同。对所罗门王神殿里水池或喷泉的描述可在《列王纪上》第 7 章 23 节和《历代志下》第 4 章 2 节中找到，内容如下：

他又铸一个铜海②，样式是圆的，高五肘，径十肘，围三十肘。

这里描述的圆形结构周长为 30 肘③，直径为 10 肘。从这里我们注意到圣经中的 $\pi = \frac{30}{10} = 3$。这显然是 π 的一个非常早期的近似值。维尔纳的以利亚（Elijah of Vilna，1720—1797）④是 18 世纪晚期的一位拉比，他是现代伟大的圣经学者之一，获得了"维尔纳的加翁"（Gaon of Vilna，意思是"维尔纳的天才"）的称号。他提出了一个了不起的发现，如果大多数的数学史书籍都说《圣经》将 π 的值近似为 3，那么这个发现可能会证明它们都是错的。以利亚注意到，希伯来语中"长度"一词在上述两段圣

持续数千年的数学探索
圆周率

16

① Alfred S. Posamentier and Noam Gordon, "An Astounding Revelation on the History of π," *Mathematics Teacher* 77, no. 1（January 1984）:52. ——原注

② "铜海"是一个巨大的青铜器皿，用于第一圣殿（前 966—前 955）的宫廷沐浴仪式。它支撑在十二只青铜牛的背上（其体积为 45 000 升）。——原注

③ 1 肘是指从一个人的指尖到肘部的距离。——原注

④ 当时的维尔纳属于波兰，而如今这个小镇已更名为维尔纽斯（Vilnius），属于立陶宛。——原注

经中各有不同的写法。

在《列王纪上》第 7 章 23 节中，它被写为הוק，而在《历代志下》第 4 章 2 节中，它被写为וק。以利亚使用的是一种被称为希伯来字母代码（gematria）的古代圣经分析技术（至今仍被《塔木德》①学者使用），这种技术根据希伯来语字母在字母表中的顺序，为它们赋予适当的数值。他将该技术应用于"长度"一词的两种拼写，得到了以下发现。这些字母的值为ק＝100、ו＝6 和ה＝5。因此，《列王纪上》第 7 章 23 节中"线度量"的拼写为הוק＝5+6+100＝111，而《历代志下》第 4 章 2 节中的拼写为וק＝6+100＝106。然后，他以一种适当的方式使用希伯来字母代码，得出这两个值之比：$\dfrac{111}{106} \approx 1.0472$（四舍五入到小数点后 4 位），他认为这是必要的"修正因子"。将《圣经》中出现的 π 值 3 乘这个"修正因子"，就得到 3.1416，即精确到小数点后 4 位的 π！人们对此的反应常常是一声惊呼。这样的精确度在古代是相当惊人的。此外，请记住，使用绳索测量得到 $\pi \approx 3.14$，那简直是一项业绩。现在想象一下得到了精确到小数点后 4 位的 π。我们认为，对于典型的绳索测量，这几乎是不可能的。如果你对此有所怀疑，可以亲自尝试一下。

让我们集中注意力，努力熟悉 π。目前，我们只是在全面考察 π 的性质及其含义。

---

① 《塔木德》(*Talmudh*) 是犹太教口传律法的汇编。——译注

数学中符号 π 的由来

现在你可能想知道,数学家是从哪里得到用希腊字母 π 来表示圆的周长与直径之比这个想法的。根据著名数学史学家卡乔里(Florian Cajori,1859—1930)的说法,奥特雷德(William Oughtred,1575—1660)于1652年首次在数学中使用 π 这个符号,当时他将圆的周长与直径之比称为 $\frac{\pi}{\delta}$,其中 π 表示圆的周长[①],δ 表示该圆的直径。1665年,沃利斯使用希伯来语字母ת,表示圆的周长与直径之比的四分之一$\left(\text{今天我们称之为}\frac{\pi}{4}\right)$。

1706年,琼斯(William Jones,1675—1749)出版了他的著作《新数学导论》(*Synopsis palmariorum matheseos*)。在此书中,他用 π 来表示圆的周长与直径之比。这被认为是 π 第一次按照今天的定义被使用。然而,单单琼斯的书并没有把用希腊字母 π 来表示这一几何比例的做法普及到现在流行的程度。瑞士传奇数学家欧拉通常被认为是数学史上最多产的作家,他在很大程度上造成了当今 π 的普遍使用。1736年,欧拉开始用 π 来表示圆的周长与直径之比。但直到他在1748年的名著《无穷小分析引论》(*Introductio in analysin infinitorum*)中使用了符号 π,π 才被广泛用于表示圆的周长与直径之比。

---

① 请特别注意,这不是 π 后来所表示的意思。——原注

欧拉[①]

欧拉不仅对数学发展作出了最多产的贡献,他还为我们留下了许多至今仍在使用的符号。其中包括以下这些符号:

$f(x)$:数学函数的通用表示

e:自然对数的底数

a,b,c:三角形的边长

s:三角形的半周长

r:三角形内切圆半径的长度

R:三角形外接圆半径的长度

$\sum$:求和符号

i:$\sqrt{-1}$ 的值

欧拉发现了数学中最著名的公式之一。它以如下方式包含了符号 e、i 和 π:$e^{i\pi}=-1$。数学家卡斯纳(Edward Kasner)和纽曼(James Newman)在他们的《数学与想象》(*Mathematics and The Imagination*)一书中,是这样描述这个公式的:"优雅、简洁、充满意义,我们只能复述它,而无法深入探究它的内涵。它对于神秘主义者、科学家、哲学家和数学家都有着同等的吸引力。每个人都对它有着不同的理解。"[②]他们接着讲述了 19 世纪哈佛大学数学家皮尔斯(Benjamin Peirce)的轶事,他偶然看到了这个公式,于是"转向他的学生,发表了一番评论,这些话可能缺少学术性和复杂性,但提供了令人印象深刻的品鉴和评价:'先生们,这个公式肯定成立,这件事绝对是充满矛盾的:我们无法理解它,也不知道它意味着什么,但我们已经证明了它,因此,我们知道它一定是成立的。'"所以,数学中的很多情况就是这样,我们证明了某件事,而它逐渐被接受了,理解就会随之而来!

---

① 参见《优雅的等式——欧拉公式与数学之美》,涂泓、冯承天译,人民邮电出版社,2018。——译注

② Edward Kasner and James Newman, *Mathematics and the Imagination* (New York: Simon and Schuster,1940),p. 103. ——原注

由于欧拉是 π 这个符号之父，我们理应一窥他有趣的生活史。① 1707年，欧拉出生于瑞士巴塞尔，最初由他的父亲教授他数学。他的父亲师从著名数学家雅各布·伯努利(Jokob Bernoulli)。这层关系对欧拉很有帮助，因为当他父亲注意到他对这门学科的爱好时，便安排他跟随雅各布·伯努利的弟弟(也是一位著名的数学家)约翰·伯努利(Johann Bernoulli)学习。在伯努利家族的影响下，欧拉20岁时在俄国的圣彼得堡科学院(今俄罗斯科学院)获得了一个职位，并在那里待了14年。在此期间，他升任为首席数学家。虽然欧拉在普鲁士科学院度过了接下去的25年，但他从未与圣彼得堡科学院失去联系，在他生命的最后17年，他又回到了圣彼得堡科学院。

众所周知，贝多芬(Ludwig van Beethoven)在他生命的最后几年中完全失聪，尽管遇到这一巨大的障碍，他仍继续创作出宏伟的音乐作品，尤其是他的《第九交响曲》。欧拉也遭遇了类似的灾难。正如听觉对于作曲家来说是必不可少的，视觉对于数学家来说显然也是至关重要的。早在1735年，欧拉的右眼就失明了，但他的数学研究并没有受到影响。顺便说一句，这也解释了我们在照片中看到的欧拉的样子(见图1.4)。

图 1.4(a)

①　参见《他们创造了数学——50位著名数学家的故事》，波萨门蒂著，涂泓、冯承天译，人民邮电出版社，2022。——译注

图 1.4(b)-(f)

　　在应叶卡捷琳娜二世的邀请回到圣彼得堡后不久,欧拉就双目完全失明了。然而,很大程度上由于他令人难以置信的记忆力,他仍然像以前一样多产。不过,此时他不得不把自己的想法口授给秘书。欧拉一生出版了约530本(篇)书籍和文章,创造了历史纪录,还给后人留下了更多的手稿。在他去世后的47年里,这些手稿中的文章继续在《圣彼得堡科学院学报》(*Proceedings of the St. Petersburg Academy*)上发表。据估计,他总共写了大约886本(篇)书籍和文章。真是令人惊讶,特别是许多文章是在他去世后才发表的!

一个关于 π 的悖论

我们之前提到，人们对 π 感兴趣，部分原因是它的无所不在。它的存在很快就不限于用来定义它的那个比值。π 的概念在一些地方的突然出现真是令我们感到困惑不解。其中一个例子有趣地说明了几何学中的一个悖论。这个例子也可以被认为是几何上的一个错觉。下面是我们的阐述，看看你能否从中确定"这里出了什么问题"。

在图 1.5 中，一些较小的半圆沿着大半圆的直径从一端紧密排列到另一端。

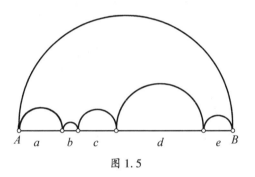

图 1.5

我们首先证明，这些小半圆的弧长之和等于大半圆的弧长。

也就是说，这些小半圆的弧长之和等于

$$\frac{\pi a}{2}+\frac{\pi b}{2}+\frac{\pi c}{2}+\frac{\pi d}{2}+\frac{\pi e}{2}=\frac{\pi}{2}(a+b+c+d+e)=\frac{\pi}{2}\cdot AB$$

即大半圆的弧长，因为大半圆的弧长等于直径（AB）的一半乘 π。这也许"看起来"不像是真的，但事实确实如此！想象一下，我们沿着固定线段 AB 增加小半圆的数量。

这种增加半圆数量的过程可以在图 1.6 的各图中看到。

当然，它们变得越来越小了。这些越来越小的半圆的弧长之和"看起来"接近直径 AB 的长度（参考图 1.6），但事实并非如此！假设大半圆的直径为 2，那么这个半圆的弧长就是 π。如果越来越小的半圆之和变为 π，那么 π 就等于直径的长度 2，这是不可能的。（现在我们知道，即使在

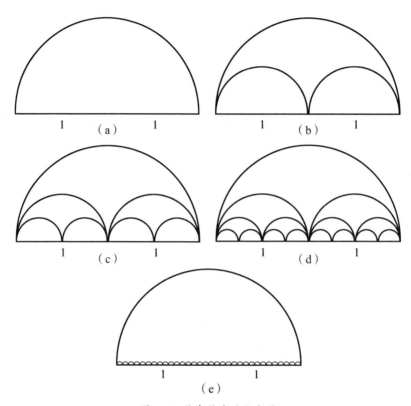

图 1.6　越来越多的小半圆

《圣经》中,人们也认为 π 至少是 3。)因此,根据这些图及对它们的某种
"逻辑"外推,即这个半圆弧的长度"看来"等于直线段 *AB* 的长度,会导致
一个荒谬的结论。不过,我们并**不能**由此得出这些越来越小的半圆的弧
长之**和**趋向极限的**长度**,在本例中的极限就是 *AB*。这种"看起来的极限
和"是荒谬的,因为点 *A* 和点 *B* 之间的最短距离是线段 *AB* 的长度,而不
是半圆弧 *AB* 的长度(等于较小的各半圆的弧长之和)。正如这种错误的
推理导致我们得出一个奇怪的结论一样,一些错误的思维使得印第安纳
州的一些立法者以一些相当奇怪的行为在数学史上占有一席之地。请继
续看下去。

为 π 立法

几个世纪以来，π 的值一直困扰着数学家和其他一些人，但最离谱的"确定"π 值的尝试，可能要数 1897 年发生在印第安纳州的事情。那里的一位名叫古德温（Edward Johnson Goodwin, 1828—1902）的医生写了一篇关于圆的测量的论文，并说服当地州议员泰勒·I. 雷科德（Taylor I. Record）将其作为一项法案提交议会。他向泰勒·I. 雷科德提出的划时代的建议是：如果州政府通过一项法案，承认他古德温的发现，那么他将允许印第安纳州的所有教科书使用他的发现，而无须向他支付版税。

古德温已经在欧洲的一些国家和美国为他的发现申请了版权。他试图在 1893 年芝加哥哥伦比亚博览会上展示自己的发现，但最终没能实现。他确实在《美国数学月刊》（*American Mathematical Monthly*）上发表了一篇专论，但这是一份新杂志，在其创刊的第一年急于接受几乎任何稿件。从古德温的这篇专论中可以得到多达 9 个不同的 π 值。数学家辛马斯特（David Singmaster）计算出这些值为[①]

$$\pi = 4, 3.160\,494, 3.232\,488, 3.265\,306, 3.2, 3.333\,333, 3.265\,986, 2.56,$$
$$3.555\,556$$

1897 年 1 月 18 日，这篇专论作为州众议院第 246 号法案被纳入立法机关。

> 这项法案旨在引入一条新的数学真理，并作为对教育的贡献，只要该法案被 1897 年立法机构的正式程序所接受，那么这条数学真理仅供印第安纳州免费使用，而不必支付任何特许权使用费。

起初，它在印第安纳州众议院无一票反对的情况下被接受了。如果它获得法律地位，那么其他所有州都必须为获得 π 的这个"确切值"的使用权付费。显然，在那之前，人们不需要为数学真理付出任何代价。

---

① David Singmaster, "The Legal Values of Pi," *Mathematical Intelligencer* (New York: Springer Verlag) 7, no. 2 (1985): 69-72. ——原注

古德温相信，通过对 π 值的立法，他就可以平息确定 π 值的问题。幸运的是，通过印第安纳波利斯、芝加哥和纽约的各家报纸，这项愚蠢的法案受到了许多嘲笑，最终印第安纳州参议院否决了它。这只是为确定 π 值而作出的许多荒谬的努力之一。

概率范畴中的 π

π 出现在一些极为奇怪的地方。为了激发你的兴趣，我们举一个例子来说明 π 是如何令人惊奇地侵入了一些看来与几何无关的数学领域，比如说概率。

法国博物学家勒克莱尔（Georges Louis Leclerc，1707—1788），也称为蒲丰伯爵（Comte de Buffen），他主要因其在法国普及自然科学的工作而被人们铭记，他的《自然史》（*Histoire naturelle*，1749—1767）至今仍备受珍视，这很大程度上是因为其中的插图极为精美。在这本书中，蒲丰雄辩地讨论了所有已知的自然科学事实，甚至为进化论埋下了伏笔。不过，在数学领域中，他被人们记住是因为两件事：因为他将牛顿（Isaac Newton，1643—1727）的《流数法》（*Method of Fluxions*）（即如今的微积分的前身）翻译成了法语，更因为"蒲丰投针问题"（Buffon needle problem）[1]。我们在这里特别感兴趣的正是后者。

蒲丰在 1777 年出版的《道德算术随笔》（*Essai d'arithmétique morale*）中，提出了一个非常有趣的现象，将 π 与概率联系了起来。这个现象是这样的：假设你有一张纸，上面画满了等距的平行直线（直线的间距为 d），还有一根长度为 l 的细针（$l<d$）。然后你把针多次扔到纸上。蒲丰声称，这根针触碰到其中任意一条直线的概率是 $\dfrac{2l}{\pi d}$。蒲丰是一个富有的人，有大把空闲时间，因此他尝试了这个实验，投掷了成千上万次来证实他的结论。在接下去的 35 年里，这个问题基本上被遗忘了，直到杰出的数学家拉普拉斯（Pierre-Simon Laplace，1749—1827）使其得以流行。[2] 我们必须记住，拉普拉斯是法国最伟大的数学家之一，他在 1812 年出版了

---

[1] 关于蒲丰投针问题的更完整的讨论，请参见 Lee L. Schroeder，"Buffon's Needle Problem：An Exciting Application of Many Mathematical Concepts，" *Mathematics Teacher* 67，no. 2(1974)：183-186。——原注

[2] 参见《他们创造了数学——50 位著名数学家的故事》，波萨门蒂著，涂泓、冯承天译，人民邮电出版社，2022。——译注

一部关于概率的重要著作《概率分析理论》(*Théorie analytique des probabilities*)，使他在该领域声名显赫。

你可能想亲自尝试一下蒲丰的实验。首先设 $l=d$，这会使问题简单一些(但不失一般性)，于是针(现在其长度等于直线间距)触碰到其中一条直线的概率就是 $\dfrac{2}{\pi}$，即 $\pi=\dfrac{2}{P}$。其中 P 是针与直线相交的概率，即

$$P=\frac{\text{投针中触线的次数}}{\text{总的投针次数}}$$

因此，要用这种方法计算 π，只需多次投针，并对触线的投针次数和总的投针次数进行计数。然后把它们代入以下公式：

$$\pi=\frac{2\times\text{总的投针次数}}{\text{投针与直线相交的次数}}$$

你投针的次数越多，对 π 的估算就应该越精确。1901 年，意大利数学家拉扎里尼(Mario Lazzarini)进行了 3408 次的投针试验，得到 $\pi=3.141\,592\,9$，这是一个令人惊叹的精度。你也可以试着用一台计算机来模拟投针，那样会容易得多。无论如何，这显然不是计算 π 值最精确的方法。然而，这种方法非常新颖。想想看，一根被投出的针与一条直线相交的概率与 π 有关，而 π 是圆的周长与直径之比。

接下来，我们将为你简单介绍一下数学家们花了 4000 多年的时间来对 π 值进行越来越精确的估算的那段漫长历程。在 π 的这段历史中，会有一些重大的飞跃。不过，我们会强调在这几千年中建立起来的那些比较重要、比较容易理解的方法。

第2章 π的历史

起源

　　π的故事很可能可以追溯得比我们书面记录中所能记载的要更久远。在过去的某个时候,在轮子(或任何真正的圆形物体)发明之后,人们很可能为了比较而测量了周长。也许在早期,测量车轮转一圈所前进的距离是很重要的。这可能是通过在地面上滚动轮子,并标出它恰好滚动一圈所前进的距离(当然不能有打滑),或者在轮子上放置绳子之类的东西来完成的。人们很可能也注意到了直径,这是一个比较容易测量的量,因为只需要沿着它放置一根直木棍或尺子,并标出它的长度即可。我们可以想见,人们对各种圆形物体的这两个测量值进行过比较。这很可能就是在这两个看起来相互关联的测量值之间建立起比较的开端。它们的长度之间是否存在着某种共同的差或比?每次比较都表明,周长正好是直径的3倍多一点。几千年来困扰人们的问题是,周长是直径的3倍多多少?这表明这种关系是一种比例关系。π的历史就是寻找圆的周长与其直径之比的过程。

古埃及人

我们可以根据著名的《莱因德纸草书》(*Rhind Papyrus*)作出这样的假设:频繁的测量很可能表明了超过直径3倍的那部分似乎是直径的九分之一。该书大约于公元前1650年由古埃及抄写员阿默斯(Ahmes)撰写。① 他说,如果我们作边长为给定圆直径的九分之八的一个正方形,那么这个正方形的面积就会等于此圆的面积。此时,你会看到还没有理由去求周长与直径之比。相反,问题是要使用经典工具(一把无刻度的直尺和一副圆规)作一个正方形,使其面积与给定圆的面积相同。这成为了古代的三大著名问题之一。② 虽然我们现在已经知道这一作图是不可能做到的③,尽管如此,它还是让数学家为之着迷了几个世纪。正是那些为了作一个面积等于给定圆面积的正方形的种种尝试,才产生了 π 的早期近似值。例如,从《莱因德纸草书》中我们就可以推断出古埃及人已经很接近 π 的真实值。我们现在将再现他们的工作。

我们从一个直径为 d 的圆开始。根据上面的规定,此正方形的边长就会是 $\dfrac{8d}{9}$(图 2.1)。

根据现在关于圆的知识,我们知道圆的面积是 πr^2。④ 对于这个圆,我们得到

---

① 这是一本数学实用手册,其中有抄写员阿默斯从以前的作品中抄录的85个问题。苏格兰的收藏家莱因德(Alexander Henry Rhind)于1858年购买了这份18英尺长1英尺宽的手稿,目前收藏在大英博物馆。这是我们关于当时埃及数学信息的主要来源之一。——原注

1 英尺 ≈ 30.5 厘米。——译注

② 古代的另外两个著名问题是,只使用一把无刻度的直尺和一副圆规来作一个立方体,使其体积等于一个给定立方体的体积的两倍,以及使用同样这些工具来将一个任意角三等分。——原注

③ 如前所述,人们虽然多年来一直猜想不可能作出一个正方形,使它的面积等于给定圆的面积,但在1882年,德国数学家林德曼才首次证明了这一点。——原注

④ 我们提到过,直到3000多年后,π 这个符号才被用来表示圆的周长与其直径之比。不过,为了方便和避免混淆,我们会在这个早期阶段就使用符号 π。——原注

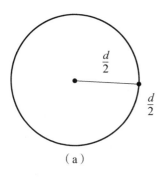
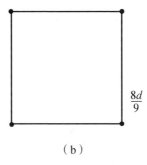

（a）　　　　　　　　　　（b）

图 2. 1

$$\pi\left(\frac{d}{2}\right)^2 = \frac{\pi d^2}{4}①$$

正方形的面积很简单,就是

$$\left(\frac{8d}{9}\right)^2 = \frac{64d^2}{81}$$

由于阿默斯假定这两者是相等的,我们就得到以下等式:

$$\frac{\pi d^2}{4} = \frac{64d^2}{81}$$

$$\frac{\pi}{4} = \frac{64}{81}$$

因此

$$\pi = \frac{256}{81} = 3.\dot{1}60\ 493\ 82\dot{7}$$

这与我们用现代方法得到的 π 值相当接近。

---

① 等号(=)最早是英国内科医生和数学家罗伯特・雷科德(Robert Recorde, 1510? —1558)在《砺智石》(*The Whetstone of Witte*, 1557)一书中使用的,他在书中说:"没有任何两个东西能比构成等号的两条平行线更相等了"。——原注

就在纪元之前

我们进行一个时间上的大飞跃,来看看从公元前 2000 年到公元前 600 年的巴比伦人。1936 年,在离巴比伦不远的苏萨(Susa)①出土了一些数学石碑。其中的一块石碑将一个正六边形的周长②与其外接圆的周长进行了比较。他们的比较方式使今天的数学家推断出巴比伦人使用了 $3\frac{1}{8}=3.125$ 作为 π 的近似值。这与埃及人的 π 的近似值相比会如何? 它只是更接近了一点点。

当我们在圆的周长与直径之比(π)发展的早期历史中前进时,我们碰上了大约写于公元前 550 年的《圣经》(旧约),其中《列王纪上》和《历代志下》描述了所罗门王的水盆(或水井),给我们的印象是他们认为 $\pi\approx3$。不过,我们之前讨论过(见第 1 章),在这些著作中可能存在着一个隐藏的值,它们给出的值是 $\pi\approx3.1416$,一个比其他的早期 π 值要精确得多的值。

这些古代数学家面临的最大挑战之一是如何用直线来测量一个圆形图形(哪怕是圆的一部分)。这本质上就是"化圆为方"要解决的问题,也就是作一个正方形,使其面积等于一个给定圆的面积。圆弧和直线找不到一个共同的度量。当试图比较这两种类型的测量时,总会"剩余一些东西"。希俄斯的希波克拉底(Hippocrates of Chios)是另一位活跃在公元前 430 年左右的希腊数学家,他是第一个能够证明新月形的面积(即以一些圆弧为界的面积)可以等于直线图形③(比如三角形)的面积的人。尽管希波克拉底的作品已经失传,但我们将展示一个例子,可能与他给出的相似。换句话说,我们将展示一个例子,其中以圆弧为界的区域面积可以精

① 现今,最准确地表述苏萨的地点,是说它位于底格里斯河和幼发拉底河之间的那个地区。——原注
② 正多边形(在这种情况下是正六边形,即有六条边的正多边形)是指所有边都相等、所有角也都相等的多边形。——原注
③ 直线图形是指以直线段为界的图形。——原注

确地等于一个以直线为界的区域面积。

为了解决这个问题,让我们首先回顾一下著名的毕达哥拉斯定理①。它指出,**直角三角形的两条直角边的平方和等于斜边的平方**。这可以用略微不同的方式来表述,但效果相同:**直角三角形的两条直角边上的两个正方形之和等于斜边上的正方形**。图 2.2 从几何上明示了这一点:其中两个阴影正方形的面积之和与无阴影的正方形面积相同。

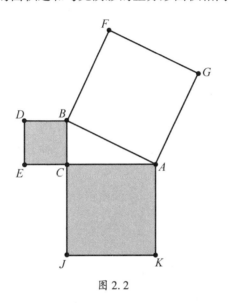

图 2.2

于是这条定理还可以重新叙述为:**直角三角形的两条直角边上的两个正方形的面积之和等于斜边上的正方形面积**。这会让我们向前迈出一大步,因为我们能够用任何相似的多边形替换正方形,只要它们以相应的方向放置。也就是说,这些相似多边形的相应边必须与放置它们的直角三角形的那条边重合。然后我们就可以将这条定理推广如下:

直角三角形的两条直角边上的两个**相似多边形的面积**之和
等于斜边上的**相似多边形的面积**。

———————————

① 毕达哥拉斯定理(Pythagorean theorem),即我们所说的勾股定理。在西方,相传由古希腊的毕达哥拉斯首先证明。而在中国,相传于商代就由商高发现。——译注

出于我们的目的,我们将使用半圆来表示相似多边形,因为所有的半圆都是相同的形状,因此都是相似的。于是这条定理的内容就变成了:

直角三角形的两条直角边上的两个半圆的**面积**之和等于斜边上的半圆的**面积**。

设直角三角形的三条边分别是 $2a$、$2b$ 和 $2c$,我们能证明毕达哥拉斯定理的这个推广。此时这三个半圆的面积分别是 $\dfrac{\pi a^2}{2}$、$\dfrac{\pi b^2}{2}$ 和 $\dfrac{\pi c^2}{2}$。让我们来看看定理中所说这种关系是否成立。也就是说,$\dfrac{\pi a^2}{2}+\dfrac{\pi b^2}{2}=\dfrac{\pi c^2}{2}$ 是否成立?将该式除以公因子 $\dfrac{\pi}{2}$,就得到 $a^2+b^2=c^2$。我们知道,对这个直角三角形应用毕达哥拉斯定理也会得到相同的结果。也就是说,我们会得到 $4a^2+4b^2=4c^2$,而这就是 $a^2+b^2=c^2$。因此,对于图 2.3,我们可以说这些半圆的面积关系如下:

P 的面积 = Q 的面积 + R 的面积

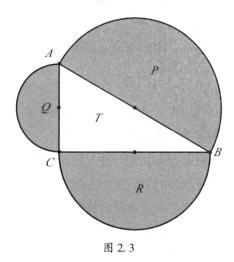

图 2.3

将半圆 P(以 AB 为轴)翻折到图的其余部分上,我们就会得到如图 2.4 所示的图形。请注意,翻折过来的半圆现在构造了四个新的区域,分别标记为 L_1、L_2、J_1 和 J_2。

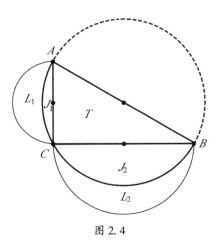

图 2.4

现在让我们集中讨论由两个半圆构成的那两个新月形①，即图中的 L_1 和 L_2。

当我们将毕达哥拉斯定理(上文)推广到以半圆取代原来的正方形时，我们有

$$P \text{ 的面积} = Q \text{ 的面积} + R \text{ 的面积}$$

在图 2.5 中，记住最大半圆 P 的新位置——沿着 AB 翻折了，因此这一关系也可以写成如下形式：

$$J_1 \text{ 的面积} + J_2 \text{ 的面积} + T \text{ 的面积} = L_1 \text{ 的面积} + J_1 \text{ 的面积} +$$
$$L_2 \text{ 的面积} + J_2 \text{ 的面积}$$

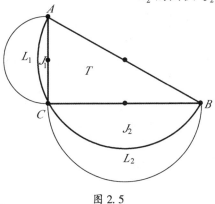

图 2.5

① 平面上的新月形是一个以多条圆弧为边界的闭合图形。——原注

请花点时间搞清这一关系。

如果我们将等式两边减去(J_1 的面积+J_2 的面积),就得到了以下的惊人结果:

$$T \text{ 的面积}=L_1 \text{ 的面积}+L_2 \text{ 的面积}$$

也就是说,一个直线图形(三角形)的面积等于一些非直线图形(新月形)的面积之和。这是一个意义非常深远的结果,因为它是解决数学中最棘手的问题之一的关键,这个问题就是在圆和直线图形的测量值之间找到相等关系。正如我们之前所说的,这是古代数学家在试图化圆为方时面临的挑战之一。

有一个很好的三维例子:一个球与一个直线立体图形具有相同的体积,这个直线立体图形是一个四面体,它是一个有四个面(平面)的立体图形。为了不影响本章的连续性,我们在附录 A 中对此加以讨论。

尽管圆的周长与其直径之比 π 在计算圆(或半圆)的面积时是不可或缺的,但著名的毕达哥拉斯定理从一个直角三角形三条边上的半圆面积的比较中将 π 消除了。

让我们回到早些时候建立的那个关系,如图 2.6 所示:

$$P \text{ 的面积}=Q \text{ 的面积}+R \text{ 的面积}$$

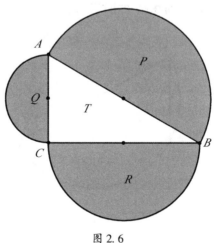

图 2.6

由此我们得到

$$\frac{\pi c^2}{2} = \frac{\pi a^2}{2} + \frac{\pi b^2}{2}$$

其中 $2a = BC, 2b = AC, 2c = AB$。

上式可简化为 $c^2 = b^2 + a^2$。请注意，π 消失了！①

欧几里得撰写于约公元前 300 年的《几何原本》(*Elements*) 显然是有史以来第一本也是最全面的一本几何书，它对 π 的历史发展也作出了贡献。在第 12 卷的命题 2 中，欧几里得陈述并证明了"圆与圆的面积之比等于其直径的平方之比。"这句话可能来自希波克拉底，但请不要与那位名叫科斯的希波克拉底(Hippocrates of Cos)的医生混淆。这一点特别重要，因为它第一次证明了事实上存在着一个常数，比如 π，它将圆的周长与直径联系了起来。如果用符号来表示可能会更清楚：

$$\frac{圆\,1\,的面积}{圆\,2\,的面积} = \frac{(圆\,1\,的直径)^2}{(圆\,2\,的直径)^2}$$

一个简单(且合理)的代数运算可以将上面的这个比例改为

$$\frac{圆\,1\,的面积}{(圆\,1\,的直径)^2} = \frac{圆\,2\,的面积}{(圆\,2\,的直径)^2} = 某个恒定值$$

让我们只取其中一个分数，并令它等于这个常数，现在我们知道这个常数实际上是 $\frac{\pi}{4}$。②

另一种写法是，圆 1 的面积等于

$$(圆\,1\,的直径)^2 \times (某个常数值) = \frac{\pi d^2}{4} = \frac{\pi}{4}(2r)^2 = \frac{\pi}{4} \times 4r^2 = \pi r^2$$

这就是说，一个圆的面积等于某个常数 $\left(比如\,\frac{\pi}{4}\right)$ 乘其直径(或者是半径的两倍)的平方。最后，它将我们引向了圆的面积公式。实际上，欧几里

---

① 我们只是将等式两边都乘 $\frac{8}{\pi}$。——原注

② 利用现代的知识，我们可以将其表示为 $\frac{\pi r^2}{(2r)^2} = \frac{\pi r^2}{4r^2} = \frac{\pi}{4}$。——原注

得的这项工作只是隐含了常数 π 的存在。我们遵循它得出了(我们今天所知道的) π 的正确表示。

阿基米德的贡献

阿基米德是早期数学史上最伟大的贡献者之一。约公元前287年,他出生于叙拉古(西西里岛),他的父亲是天文学家菲迪亚斯(Phidias)。有一段时间,他在埃及亚历山大城跟随欧几里得的继承者们学习。在那里,他还遇到了萨摩斯的科农(Conon of Samos)和昔兰尼的埃拉托色尼(Eratosthenes of Cyrene)。[①] 前者是他很敬重的一位萨摩斯的天文学家和数学家,后者在他离开埃及后还保持了多年的通信。阿基米德对数学和物理学的贡献堪称传奇。我们将只关注他工作的一小部分:涉及圆和 π 的那一部分。

直到阿基米德出现,圆的周长和面积之间才有了严格的联系。这可以在阿基米德的《论圆的测量》(*Measurement of the Circle*)一书中找到。在这本重要的书中,有三个关于圆的命题,它们在 π 值的历史发展中发挥了作用。我们将介绍这三个命题,并对每一个命题作一点解释。

1. 一个圆的面积等于一个以其周长和半径为直角边的直角三角形的面积(图2.7)。

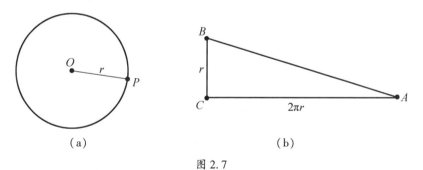

(a)　　　　　　　　　　　　(b)

图 2.7

这个圆的面积是我们熟悉的 πr^2,而直角三角形的面积(它的两条直角边的乘积的一半)是

$$\frac{1}{2}r \cdot 2\pi r = \pi r^2$$

---

① 参见《他们创造了数学——50位著名数学家的故事》,波萨门蒂著,涂泓、冯承天译,人民邮电出版社,2022。——译注

尽管阿基米德用一种有点繁复的方式表达了这一点，但令人惊讶的是，他完全正确地得到了我们今天所接受的面积公式！

2. 若一个圆的直径等于一个正方形的边长，则两者的面积之比接近 $11:14$。

为了研究这个命题，我们会按照给定的条件来求出它们的比例。

图 2.8 中圆的面积是 πr^2，正方形（其边长为 $2r$）的面积是 $(2r)^2 = 4r^2$。按照命题中所述，这两个面积之比是

$$\frac{\pi r^2}{4r^2} = \frac{\pi}{4} \approx \frac{11}{14}$$

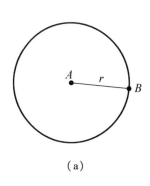

（a）

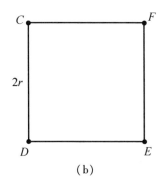

（b）

图 2.8

即

$$\pi \approx \frac{44}{14} = \frac{22}{7}$$

这应该会让你想起 π 的另一个非常熟悉的近似值。

3. 一个圆的周长小于其直径的 $3\frac{1}{7}$ 倍，但大于其直径的 $3\frac{10}{71}$ 倍。

让我们来快速看一下阿基米德是如何得出这个结论的。（关于阿基米德的研究，更详细的讨论可以在第 3 章中找到。）阿基米德的做法是对一个给定的圆作一个内接正六边形，并作一个外切正六边形（图 2.9）。他能够求出这两个六边形的面积，于是就知道给定圆的面积必定在这两个面积之间。

然后他重复了这一过程：作两个正十二边形（有十二条边的正多边形），并再次计算了两个正十二边形的面积。他意识到圆的面积必定在这

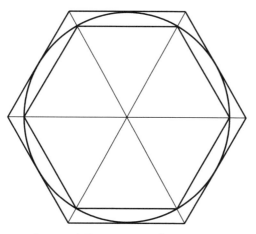

图 2.9　内接正六边形和外切正六边形

两个值之间,并且,用现代的术语来说,更紧密地"逼近"。

　　然后他对 24 条边、48 条边、96 条边的正多边形进行了同样的计算,每次都越来越逼近圆的面积。请注意,这是在西方世界使用印度数字系统之前完成的,这是一项非凡的计算!阿基米德最后得出结论,π 的值大于 $3\frac{10}{71}$,小于 $3\frac{1}{7}$。这与我们已知的 π 值相比如何?我们把这两个分数化成小数,就可以把它们与我们今天所知道的 π 值进行比较了。

　　由于

$$3\frac{10}{71} = 3.\dot{1}40\ 845\ 070\ 422\ 535\ 211\ 267\ 605\ 633\ 802\ 816\ 9\dot{0}$$

而

$$3\frac{1}{7} = 3.\dot{1}42\ 85\dot{7}$$

由此我们可以看出阿基米德把 π 值确定得有多好

　　$3.\dot{1}40\ 845\ 070\ 422\ 535\ 211\ 267\ 605\ 633\ 802\ 816\ 9\dot{0} < \pi < 3.\dot{1}42\ 85\dot{7}$

　　这与我们今天所知道的 π 值 3. 141 592 653 589 793 238 462 643 383 279 502 884 197 169 399 375 105 8…(到小数点后 50 多位)一致。

　　我们已知的 π 值很好地位于阿基米德用来作为边界的两个值之间。

现在,我们可以暂时得出这样一个结论:他认为固定周长的圆是其内接和外切正多边形在边数不断增加情况下的极限。

亚历山大城的海伦(Hero of Alexandria, 10—70)在阿基米德的文献(现已遗失)中发现了两个更接近的近似值:

$$\frac{211\ 872}{67\ 441} < \pi < \frac{195\ 882}{62\ 351}$$

即 **3. 141 590···<π<3. 141 6**01···。

随着时间的推移,这些近似值越来越接近 π 值。公元前 200 年,伟大的阿基米德的竞争对手,佩尔加的阿波罗尼乌斯(Apollonius of Perga,前262—前190)似乎发现了比阿基米德更好的 π 的近似值:

$$\pi \approx 3\ \frac{177}{1250} = \frac{3927}{1250} = 3.1416$$

无论如何,我们仍然认为阿基米德是数学史上的主要贡献者之一。

阿基米德平静地度过了一生,直到公元前 212 年去世。在第二次布匿战争中,他为保卫家乡叙拉古而被杀害。据信,一名罗马士兵来召唤阿基米德去觐见皇帝马塞勒斯(Marcellus),这名士兵的影子遮住了他画在沙子里的一幅图,于是他对这名士兵说:"不要弄乱我的圆"(Noli turbre circulos meos),结果那名士兵就把他刺死了。阿基米德要求这样装饰他的墓碑:将一个球装在一个尽可能小的圆柱中,并刻上球的体积与圆柱体积之比。① 阿基米德认为发现这个比例是他所有成就中最伟大的。

这两个几何体之间的关系确实不同寻常(图 2. 10)。它们的体积之比和表面积之比是一样的!都是 2:3。知道了求这两个几何体的体积和表面积的公式,我们可以很容易

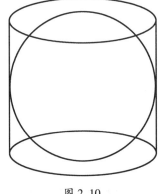

图 2.10

---

①　这可以在阿基米德的《论球体和圆柱体》(*On the Sphere and the Cylinder*)一书中找到。——原注

地计算出这两个比值。

球的体积公式是 $\frac{4}{3}\pi r^3$①，而圆柱的体积是底面积乘高，即

$$\pi r^2 \times 2r = 2\pi r^3 = \frac{6}{3}\pi r^3$$

$\left(\text{我们将 } 2 \text{ 写成 } \frac{6}{3} \text{ 以便于比较}\right)$。因此，球与圆柱的体积之比为

$$\frac{\frac{4}{3}\pi r^3}{\frac{6}{3}\pi r^3} = \frac{2}{3}$$

现在我们再将这两个几何体的表面积比较一下。球的表面积公式是 $4\pi r^2$，而圆柱的表面积是由圆柱的两个底面积与侧面积相加得出的，即

$$2 \cdot \pi r^2 + 2r \cdot 2\pi r = 6\pi r^2$$

将这两个表面积进行比较，我们得到

$$\frac{4\pi r^2}{6\pi r^2} = \frac{2}{3}$$

瞧，相同的比值——真的很神奇！

阿基米德在他的《论球体和圆柱体》一书中还指出："一个球的体积等于以该球的大圆为底、球半径为高的圆锥体积的 4 倍。"②通过将这个圆锥与前面所说的那个包含球的圆柱进行比较，就可以从上述证明中得出这一点。我们可以很容易地建立阿基米德的上述命题，因为底半径为 r，高为 r 的圆锥的体积等于

$$\frac{1}{3} \cdot \pi r^2 \cdot r = \frac{1}{3}\pi r^3$$

这就等于半径为 r 的球的体积的 $\frac{1}{4}$。

————————————

① 阿基米德在他的《论球体和圆柱体》一书中首先发表了这个公式。——原注
② 球的大圆是指在球面上可以画出的最大圆，或者更简单地说，如果我们把一个球切成两个相等的半球，那么它们的底就会是这个球的大圆。——原注

现在,如果我们将这个圆锥的高加倍,使它可以内接于等高的圆柱,那么它的体积就会是

$$\frac{1}{3} \cdot \pi r^2 \cdot 2r = \frac{2}{3} \pi r^3$$

也就是球体积的一半。

于是我们可以把这些体积表示为

$$圆锥:\frac{2}{3} \pi r^3$$

$$球:\frac{4}{3} \pi r^3$$

$$圆柱:2\pi r^3$$

若它们具有相同的底面(球的大圆),则它们的体积之比为 1∶2∶3。

阿基米德至今仍备受尊敬,被誉为他那个时代最伟大的思想家,他拥有无数巧妙的发明和数学成就。1998 年 10 月 29 日,他的一本关于计算面积和体积的书在佳士得拍卖会上拍出了 200 万美元的高价,这表明了他受欢迎的程度。

尽管我们早先认为,圆的周长在古代可能是通过车轮滚动一周所前进的距离来测量的,但罗马建筑师和工程师马库斯·维特鲁维斯·波利奥(Marcus Vitruvius Pollio)使用这种方法计算出 π 为 $3\frac{1}{8} = 3.125$。他今天更广为人知的名字是维特鲁维斯。鉴于他是在公元前 20 年写出《建筑十书》(*De Architectura*)一书的,这就并不能算是向前迈进的一步了。

纪元的开始

托勒密(Claudius Ptolemy,约83—161)是一位伟大的天文学家、地理学家和数学家,他在公元150年左右写了一篇天文学论文《天文学大成》(*Almagest*)。托勒密使 π 向真实值更接近了一点。他用六十进制①得到

$$\pi = 3 + \frac{8}{60} + \frac{30}{60^2} = 3 \times \frac{17}{120} = 3.141\,666\cdots = 3.141\dot{6} \approx 3.141\,67$$

这是继阿基米德之后得出的最精确结果。

确立 π 为无理数的问题直到18世纪才得以解决(稍后我们会看到)。然而,伟大的犹太哲学家迈蒙尼德(Maimonides,1135—1204)②在对《圣经》的评论中预见到了这一点,他指出:

> 你需要知道,圆的直径与周长之比是未知的,而且永远不可能将它精确地表达出来。这并不是像名为加哈利亚(Gahaliya,即无知者)的教派所认为的那样是因为我们缺乏知识。它的本质是未知的,而且没有办法(知道),但我们可以近似地知道它。几何学家们已经写过不少关于这个问题的文章,即近似地把握直径与周长之比,以及有关的一些证明。受过教育的人所接受的这个近似值是一比三又七分之一。每一个直径为一拳宽的圆,其周长约为三又七分之一拳宽。因为这个值只能近似地感知,所以他们(希伯来人的先贤们)取了最接近的整数,说每一个周长为三拳的圆的直径都是一拳宽,他们出于宗教法的需要而满足于这个值。③

---

① 以60为基数的数字系统,而不是以10为基数的十进制系统。——原注

② 他的真名是本·迈蒙(Moses ben Maimon),他撰写了对《圣经》的评注,还写过一些关于逻辑、数学、医学、法律和神学的专著。他在1177年成为开罗的拉比。——原注

③ *Mishna* (Mishna Eruvin I 5), Mo'ed section (Jerusalem:Me'orot, 1973), pp. 106-107.——原注

中国人的贡献

与此同时,在中国,独立的几何学研究与西方世界的一些研究齐头并进。公元263年,刘徽也用边数不断增加的正多边形来逼近圆。不过,他只使用了内接正多边形,而阿基米德同时使用内接正多边形和外切正多边形。刘徽的 π 近似值为

$$\frac{3927}{1250} = 3.1416$$

这可能比阿基米德的近似值更精确,因为他使用了具有位值系统的十进制。刘徽的工作还有值得注意的地方,他假设了一个圆的面积是其周长的一半乘其直径的一半。让我们仔细看看这个假设。刘徽的假设可以用符号写成

$$\frac{1}{2} C \times \frac{1}{2} d = \left(\frac{1}{2} \times 2\pi r\right) \times \left(\frac{1}{2} \times 2r\right) = \pi r^2$$

认出这个式子了吗?是的,这就是我们熟悉的圆的面积公式。

在接下来的1000年里,π 最精确的近似值可能来自中国天文学家和数学家祖冲之(429—500),他通过各种神秘的方法[①]得出了

$$\pi \approx \frac{355}{113} = 3.\dot{1}4159292035398230088495575522123893805$$

30973451327433628318558407079646017699115044247

$$876106194690265486725663716\dot{8}$$

首末两个数字上方的圆点表示每112位重复一次。

持续数千年的数学探索　圆周率

---

① 有人说他可能使用的就是刘徽的方法,只是用了边数更多的正多边形。——原注

文艺复兴早期

我们追踪 π 的历史的下一站必须是比萨的莱昂纳多(Leonardo Pisano, 1170—1250),他更广为人知的名字是斐波那契。尽管他是比萨市的一名公民,但他广泛游历了整个中东地区,并将对数学的新理解和数学的新方法带回了意大利。在 1202 年首次出版的名著《计算之书》中,他介绍了我们今天使用的印度数字系统。这是印度数字系统首次在西欧的出版物中出现。这本书中还包含了著名的兔子问题,由这个问题产生了著名的斐波那契数①。1223 年,他撰写了《实用几何学》(*Practica Geometriae*),他在其中利用一个 96 条边的正多边形计算出的 π 值为

$$\frac{1440}{458\frac{1}{3}} = 3.\ 141\ 818\ 181\ 818\ 181\ 818\ 181\ 818\ 181\ 8\cdots$$

这是他通过取

$$\frac{1440}{458\frac{1}{5}} = 3.\ 142\ 732\ 431\ 252\ 728\ 066\ 346\ 573\ 548\ 668\ 7\cdots$$

和

$$\frac{1440}{458\frac{4}{9}} = 3.\ 141\ 056\ 713\ 523\ 994\ 183\ 228\ 308\ 288\ 899\cdots$$

的平均值得出的。

尽管在他那个时代,他的近似值不如其他人的那样精确,但斐波那契对西欧数学发展的贡献带有传奇色彩,在黑暗时代②之后尤其如此。

---

① 斐波那契数是 1,1,2,3,5,8,13,21,34,55,89,…,在其前两个数之后,从第三个数开始的每个数是前两个数之和。参见《斐波那契数列:定义自然法则的数学》,阿尔弗雷德·S.波萨门蒂、英格玛·莱曼著,涂泓、冯承天译,上海科技教育出版社,2024。——原注

② 黑暗时代(Dark Age)是指在西欧历史上,从罗马帝国的灭亡到文艺复兴开始的一段文化下降、社会衰落的时期。——译注

16 世纪

几个世纪以来,人们一直在尝试接近 π 的值,尽管精度摇摆不定。例如,在 16 世纪初,德国著名艺术家和数学家丢勒(Albrecht Dürer,1471—1528)对 π 使用了 $3\frac{1}{8}=3.125$ 的近似值,这一精度远不如在此之前的其他近似值。

1579 年,法国数学家韦达(François Viète,1540—1603)使用希腊人发明的方法,考虑了一个有 $6×2^{16}=393\ 216$ 条边的正多边形,计算出的 π 精确到小数点后 9 位。他还首次用无限积①来确定 π 的值:

$$\frac{2}{\pi}=\sqrt{\frac{1}{2}}×\sqrt{\frac{1}{2}+\frac{1}{2}\sqrt{\frac{1}{2}}}×\sqrt{\frac{1}{2}+\frac{1}{2}\sqrt{\frac{1}{2}+\frac{1}{2}\sqrt{\frac{1}{2}}}}×\cdots$$

韦达计算出的 π 值在 3. 141 592 653 5 和 3. 141 592 653 7 之间。这是 π 的漫长历史中的又一个新的里程碑。

让具有许多边的正多边形逼近圆的过程仍在继续。1593 年,安特卫普的医生和数学家范罗门(Adriaen van Roomen)②使用有 $2^{30}=1\ 073\ 741\ 824$ 条边的正多边形,将 π 计算到了小数点后 17 位(其中小数点后 15 位是正确的)。

---

① 这是指遵循某种给定模式的无穷多项的乘积。——原注
② 有时也用他的拉丁名字 Adrianus Romanus 来称呼他。——原注
1593 年,范罗门曾出了一道 45 次方程挑战同时代的所有数学家。韦达发现了其中潜在的三角关系,在几分钟内就找到了一个正数解。参见冯承天著,《从一元一次方程到伽罗瓦理论》,华东师范大学出版社,2019。——译注

17 世纪

德国数学家鲁道夫·范科伊伦致力于寻找 π 的真实值,并在 1596 年求出了其精确到小数点后 20 位的值。他的结果是根据有 $60 \times 2^{33} =$ 515 396 075 520 条边的内接正多边形和外切正多边形的周长计算得出的。

为了得到这一结果,他不得不找到一些新的定理来进行计算。1610 年,鲁道夫·范科伊伦在追求 π 值的过程中迈出了一大步,他使用有 $2^{62} = 4\,611\,686\,018\,427\,387\,904$ 条边的多边形,求出了精确到小数点后 35 位的 π 值。他如此专注于(我们也可以说是痴迷于)计算 π 的值,而且在这方面取得了巨大的进步。为了纪念他,π 有时也被称为**鲁道夫数**。此外,在他去世后,他的妻子将他求得的 π 值刻在了他位于荷兰莱顿圣彼得教堂的墓碑上。

我们在前文中提到过沃利斯的工作。沃利斯是剑桥大学和牛津大学的数学教授,在 1655 年出版了《无穷算术》一书,他在其中提出了 π(实际上是 $\frac{\pi}{2}$,因此我们只要加倍就会得到 π)的公式:

$$\frac{\pi}{2} = \frac{2 \times 2}{1 \times 3} \times \frac{4 \times 4}{3 \times 5} \times \frac{6 \times 6}{5 \times 7} \times \frac{8 \times 8}{7 \times 9} \times \cdots \times \frac{2n \times 2n}{(2n-1) \times (2n+1)} \times \cdots$$

这个乘积收敛[1]到 $\frac{\pi}{2}$。这意味着随着项数的增加,它的两倍会越来越接近 π 的值。

然后,布龙克尔(William Brouncker,约 1620—1684)[2]用我们现在尚不能确定的一些方法将沃利斯的结果转化成了连分数。[3] 布龙克尔得到

---

[1]　当一个级数在其极限时接近某个特定值,就说该级数收敛。也就是说,级数中的项越多,它就越接近它收敛到的那个数。——原注

[2]　发现这一连分数的布龙克尔子爵是英国皇家学会的创始人之一和首任主席(1660 年)。——原注

[3]　如果你不熟悉连分数,请参阅第 5 章的简单介绍。——原注

的是 $\dfrac{4}{\pi}$ 的值:

$$\frac{4}{\pi} = 1 + \cfrac{1^2}{2 + \cfrac{3^2}{2 + \cfrac{5^2}{2 + \cfrac{7^2}{2 + \cfrac{9^2}{2 + \cdots}}}}}$$

这个获得 π 值的过程不仅乏味,而且需要相当多的项才能接近我们今天所知道的 π 值。

尽管如此,让我们看看这个连分数能告诉我们什么。首先,请注意,我们可以通过进一步取相继奇数的平方来使上述连分数的模式延续下去。为了审视这个连分数,我们注意到其中有许多加号,每当我们在一个加号处截断这个分数,就会得到一个有限的部分分数。我们将这些截断后得出的部分分数称为**渐近分数**。

第一个渐近分数是 1

第二个渐近分数是

$$1 + \frac{1^2}{2} = \frac{3}{2} = 1.5$$

第三个渐近分数是

$$1 + \cfrac{1^2}{2 + \cfrac{3^2}{2}} = 1 + \cfrac{1}{2 + \cfrac{9}{2}} = 1 + \cfrac{1}{\frac{13}{2}} = 1 + \frac{2}{13} = 1.\dot{1}53\,84\dot{6}$$

第四个渐近分数是

$$1 + \cfrac{1^2}{2 + \cfrac{3^2}{2 + \cfrac{5^2}{2}}} = 1 + \cfrac{1}{2 + \cfrac{9}{2 + \cfrac{25}{2}}} = 1 + \cfrac{1}{2 + \cfrac{9}{\frac{29}{2}}} = 1 + \cfrac{1}{2 + \cfrac{18}{29}} = 1 + \cfrac{1}{\frac{76}{29}} = \frac{105}{76} =$$

$$1.\dot{3}81\,578\,947\,368\,421\,052\,6\dot{3}$$

第五个渐近分数是

$$\frac{945}{789} = 1.197\ 718\ 631\ 178\ 707\ 224\ 334\ 600\ 760\ 456\ 3\cdots$$

由于这些渐近分数都是 $\frac{4}{\pi}$ 的近似值,为了得到 π 的这些初级近似值,我们需要将每个渐近分数的倒数乘4。于是,这些近似值依次为

$$1 \times 4 = 4$$

$$\frac{2}{3} \times 4 = \frac{8}{3} \approx 2.6667$$

$$\frac{13}{15} \times 4 = \frac{52}{15} \approx 3.466\ 67$$

$$\frac{76}{105} \times 4 = \frac{304}{105} = 2.8\dot{9}5\ 238\ \dot{0}$$

$$\frac{789}{945} \times 4 = \frac{3156}{945} = 3.3\dot{3}9\ 682\ \dot{5}$$

注意我们是如何开始(尽管相当缓慢地)将 π 的真实值夹在中间的。一个值比它高,然后一个值比它低,每次都越来越逼近真实值: 3.141 592 653 589 79⋯。[①] 这也向现代方法迈进了一步,尽管相比于那些不断作边数越来越多的正多边形直到它们几乎"看起来"像一个圆的那种烦琐方法,它还没有达到那样的精度。

正如我们之前提到的,人们花了几个世纪的时间才获得精度越来越高的 π 值。1647 年,英国数学家沃利斯将圆的周长与直径的比指定为 $\frac{\pi}{\delta}$,其中的 π 很可能代表周长(这不是现在 π 所代表的意思!),δ 则代表直径。后来,在 1685 年,沃利斯用 π 表示周长,而用一个小正方形 □ 表示比值 $\frac{4}{3.141\ 49\cdots}$,其中使用了 3.141 49⋯,这是他求出的近似值,如今我们用 π 来表示。渐渐地,数学家们更普遍地开始使用 π 来表示它现在所

---

① 请记住,我们绝不可能用十进制表示法写出 π 的真实值,因为写出来的值总是一个近似值。我们得出的小数位数越多,这个值就越接近实际值。这里我们给出一个精确到小数点后 14 位的近似值。——原注

代表的那一比值。

1668 年,苏格兰数学家詹姆斯·格雷戈里(James Gregory,1638—1675)提出了 π 的如下近似公式。这比 17 世纪德国最伟大的数学家莱布尼茨(Gottfried Wilhelm Leibniz,1646—1716)[1]早了五年:

$$\frac{\pi}{4} = 1 - \frac{1}{3} + \frac{1}{5} - \frac{1}{7} + \frac{1}{9} - \frac{1}{11} + \cdots$$

这是一个非常粗略的近似,因为这个级数收敛非常缓慢。需要 10 万项才能得到小数点后 5 位精度的 π。

———————————

① 莱布尼茨被认为是近代微积分的共同发明者。——原注

18 世纪——π 得到了它的名字

我们现在正处于 π 历史上另一个值得注意的时刻。1706 年,英国数学家琼斯在其著作《新数学导论》中首次使用符号 π 来实际表示圆的周长与直径的比值。不过,在 1748 年,用符号 π 代表这个比值才真正流行起来。正如前文所提到的,当时最多产的数学家之一,欧拉在他的著作《无穷小分析引论》中使用符号 π 来表示圆的周长与直径之比。

欧拉是一位才华横溢的数学家,有着惊人的记忆力和进行复杂计算的能力。他创立了许多计算 π 的方法,其中一些方法比前人的程序更快(即步骤更少)地接近 π 的真实值。他计算出了精确到小数点后 126 位的 π。他用来计算 π 的公式之一,是一系列给出 π 的相继幂的级数中的第一个。下面这个级数特别有趣,因为它是通过取调和级数①各项的平方而构建的级数。

$$\frac{\pi^2}{6} = \frac{1}{1^2} + \frac{1}{2^2} + \frac{1}{3^2} + \frac{1}{4^2} + \frac{1}{5^2} + \cdots ②$$

有许多定理被冠以欧拉的名字,因为他在几乎所有的数学领域中都写了大量的文章,但以他的名字命名的最著名的公式(如果真的有一个是最著名的)是将许多看似不相关的概念联系在一起的一个关系。这个公

---

① 取一个算术数列(各项之间存在公差的数列)各项的倒数,就构成了一个调和数列。最简单的算术数列是 1,2,3,4,5,6,…,由它得到的调和级数为

$$1 + \frac{1}{2} + \frac{1}{3} + \frac{1}{4} + \frac{1}{5} + \frac{1}{6} + \cdots$$

"调和"这个名字来源于这样一个事实:一组类型完全相同的弦,具有相同的扭力,但它们的长度与调和数列的各项成正比,当这些弦一起被拨动时,就会产生和声。——原注

② 关于这种不寻常的关系,豪普特曼的后记中提供了更多信息。——原注

式就是 $e^{i\pi}+1=0$，其中 e 是自然对数①的底数，i 是复数的虚数单位（i = $\sqrt{-1}$ ）。在这个公式中，我们有五个最重要的数字：0、1、e、i 和 π！② 德国著名数学家克莱因（Felix Klein，1849—1925）宣称："全部的分析学都在这里！"

---

① 对数是指为了得到给定的数，底数必须取的幂次。例如，如果底数为 10，那么 16 的对数（近似）为 1.2041，因为 $10^{1.2041}$（近似）等于 16。在计算机编程中，既用到自然对数（以 e 为底数，e 约为 2.718 28），也用到普通对数（以 10 为底数）。自然对数的底数 $e = \lim\limits_{n \to +\infty} \left(1+\dfrac{1}{n}\right)^{n} = 2.718\ 281\ 828\ 459\ 045\cdots$。——原注

② 我们在第 1 章中讨论过这个公式，但当时给出的形式是 $e^{i\pi}=-1$，并提到了对它的一些赞誉。——原注

接近19世纪

π是一种什么样的数，这个问题开始困扰数学家。每次尝试得到π的更多位值时，人们总是希望会出现一种模式，希望有一段数字会循环重复。这样就会使π成为一个有理数。这并没有发生。1794年，法国数学家勒让德写了一本名为《几何学和三角学原理》(*Élements de Géometry and Trigonometry*)的书，其中证明了π²是一个无理数。这是法国书籍中首次使用符号π。1806年，他还证明了π是一个无理数。我们知道亚里士多德曾怀疑π是一个无理数。但他的推测一直到2000多年后才被证明是正确的。

伟大的德国数学家高斯(Carl Friedrich Gauss, 1777—1855)也加入到计算π的行列中来，他聘请了快如闪电的心算者达赫(Zacharias Dahse, 1824—1861)来协助他的研究。达赫使用公式

$$\frac{\pi}{4} = \arctan\frac{1}{2} + \arctan\frac{1}{5} + \arctan\frac{1}{8}$$

求出了精确到小数点后200位的π。[①] 达赫以他的计算能力成为了一个传奇人物。据信，他做这些计算时都是靠心算的。他能在45秒内心算出两个八位数的乘积。他心算两个四十位数的乘积所需要的时间是40分钟，他还能在8小时45分钟内心算出两个一百位数的乘积。公平地说，高斯也是一位了不起的计算者。据信，高斯的计算天赋使他能够看出内在模式，从而提出许多数学猜想，后来他证明了这些猜想，并将它们建立为定理。

对π的精确值的追求仍在继续。一些努力取得了微小的进展，增加了π的精确小数位数；而另一些努力则声称取得了这样的进展，但经过进一步审查，发现了一些错误。1847年，德国数学家克劳森(Thomas Clausen, 1801—1855)将π正确计算到了小数点后248位。1853年，英国

---

① 这个公式是由维也纳数学家冯·斯特拉斯尼茨基(L. K. Schulz von Strassnitzk)提出的。——原注

人卢瑟福(William Rutherford)将其扩展到小数点后 440 位。卢瑟福的学生之一,威廉·尚克斯(William Shanks,1812—1882),在 1874 年将 π 的值扩展到了小数点后 707 位。然而,他在第 528 位出现了一个错误,这是 1946 年电子计算机运行了 70 小时才首次检测到的! 而尚克斯花费了 15 年的时间才完成他的计算。

进入20世纪

随着 π 历史的进展,我们必须注意到德国数学家林德曼的工作,他证明了 π 不仅不是有理数,而且是一个超越数①。如前所述,由于 π 被确定为一个超越数,林德曼终于使得求面积与给定圆相等的正方形的边长这个古老问题尘埃落定:他证明了这是不可能做到的。

在第1章中,作为一种计算 π 值的方法,我们讨论了蒲丰投针问题。这个看似不相关的概率领域似乎也与 π 有关。π 这个几何比例会与概率论中的一种情况有关,这着实令人惊讶。同样地,1904年,沙特尔(R. Chartres)证明了两个随机选择的正整数互素②的概率是 $\frac{6}{\pi^2}$。这可能更加令人惊叹,因为蒲丰的针至少和物理现实中的事件相关:针和平行线的放置方式。而在沙特尔的问题中没有几何,只有数论。

1914年,印度数学天才拉马努金(Srinivasa Ramanujan, 1882—1920)③建立了许多计算 π 值的公式。有些公式非常复杂,必须等待计算机的出现才能得到恰当的使用。其中之一就是

$$\frac{1}{\pi} = \frac{\sqrt{8}}{9801} \sum_{n=0}^{\infty} \frac{(4n)! \times (1103 + 26\,390n)}{(n!)^4 \times 396^{4n}}$$

不过,拉马努金也为计算 π 值提出了一个简单得多的公式:

$$\sqrt[4]{9^2 + \frac{19^2}{22}} = \left(81 + \frac{361}{22}\right)^{\frac{1}{4}} = \left(\frac{2143}{22}\right)^{\frac{1}{4}} = 3.141\,592\,652\cdots$$

---

① 超越数是指不能成为有理系数代数方程的根的数。例如,$\sqrt{2}$ 是无理数,但不是超越数,因为它是方程 $x^2 - 2 = 0$ 的根。另一方面,e 是一个超越数。——原注

② 如果两个数只有唯一的公因数1,就说它们为互素的。例如,15 和 17 是互素的,因为它们只有唯一公因数 1。——原注

③ 关于他的更多信息,请参阅第 3 章。——原注
   参见《他们创造了数学——50 位著名数学家的故事》,波萨门蒂著,涂泓、冯承天译,人民邮电出版社,2022。——译注

它只精确到小数点后 8 位,但相对而言容易计算。①

　　如前文所述,1946 年,英国的弗格森(D. F. Ferguson)在威廉·尚克斯算出的 π 值的小数点后第 528 位发现了一个错误。1947 年 1 月,弗格森给出了精确到 710 位的 π 值。当月晚些时候,美国人兰奇(John W. Wrench Jr.)公布了计算到小数点后 808 位的 π 值,但不久之后弗格森发现此值在小数点后第 723 位有错误。1948 年 1 月,两人使用桌面计算器合作得出了一个精确到小数点后 808 位的 π 值。第二年,兰奇和史密斯(Levi B. Smith)仍然只用桌面计算器,将其扩展到了小数点后第 1120 位。

---

①　只需要用一个简单的计算器取 $\dfrac{2143}{22}$ 的平方根的平方根,即 $\sqrt{\sqrt{\dfrac{2143}{22}}}$。——原注

计算机进入 π 的历史

1949 年,随着电子计算机的发展,争夺最多 π 值小数位数的竞赛趋于白热化。此时,计算时间不再是一个要考虑的因素。我们不再受限于人类的计算能力。杰出的数学家冯·诺依曼(John von Neumann)、瑞特威斯纳(George Reitwiesner)和梅特罗波利斯(N. C. Metropolis)花费 70 小时的计算机时间,使用 ENIAC 计算机计算出了到小数点后 2037 位的 π 值。

比赛就这样开始了。考查其中使用的每一种方法都远远超出了本书的范围。不过,我们可以借助表 2.1 观察到这个逐渐变化的过程①:

表 2.1

年份	数学家	π 的精确位数	计算时间
1954	尼克尔森(S. C. Nicholson)和吉奈尔(J. Jeenel)	3092	13 分钟
1954	费尔顿(G. E. Felton)	7480	33 小时
	(生成了 10 021 位,但由于机器出现差错,只有 7480 位是正确的)		
1958	热尼(François Genuys)	10 000	1 小时 40 分钟
1959	热尼	16 167	4 小时 20 分钟
1961	丹尼尔·尚克斯②(Daniel Shanks)和兰奇(John W. Wrench Jr.)	100 265	8 小时 43 分钟
1966	吉尤(M. Jean Guilloud)和菲利亚特(J. Filliatre)	250 000	41 小时 55 分钟
1967	吉尤和迪尚(Michele Dichampt)	500 000	44 小时 45 分钟

---

① 有关 π 值发展的更完整列表,请参见本章结尾处的表格。——原注
② 这位丹尼尔·尚克斯与上文中提到的威廉·尚克斯没有任何关系。——原注

年份	数学家	π 的精确位数	计算时间
1973	吉尤和布耶（Martine Bouyer）	1 001 250	23 小时 18 分钟
1981	三好和彦（Kazunori Miyoshi）和金田康正	2 000 036	137 小时 20 分钟
1982	田村良明（Yoshiaki Tamura）和金田康正	8 388 576	6 小时 48 分钟
1982	田村良明和金田康正	16 777 206	小于 30 小时
1988	田村良明和金田康正	201 326 551	约 6 小时
1989	丘德诺夫斯基兄弟（Gregory V. & David V. Chudnovsky）	1 011 196 691	不详
1992	丘德诺夫斯基兄弟	2 260 321 336	不详
1994	丘德诺夫斯基兄弟	4 044 000 000	不详
1995	高桥（Takahashi）和金田康正	6 442 450 938	不详
1997	高桥和金田康正	51 539 600 000	约 29 小时
1999	高桥和金田康正	206 158 430 000	不详
2002	金田康正	1 241 100 000 000	约 600 小时

　　丘德诺夫斯基兄弟戴维（David）和格雷戈里（Gregory）使争夺最多 π 值小数位数的竞赛进入了十亿位量级。他们的故事有点不同寻常。他们在乌克兰科学院获得数学博士学位后，于 1978 年从苏联移民到美国。他们在曼哈顿租了一套公寓，还租了两台超级计算机进行计算，一心想得到 π 的最精确值。在此期间有一些问题。弟弟格雷戈里患有重症肌无力，这是一种自身免疫性肌肉疾病，在大部分时间里不得不卧床休息。他的大部分工作都是在床上完成的。兄弟俩都结了婚，在他们追求数学挑战的过程中，有一段时间依靠各自妻子的收入生活。花在超级计算机上的开支迫使他们最终自己造了一台，这台计算机占据了他们公寓的大部分空间。1981 年，格雷戈里获得了麦克阿瑟基金会的数学基金，事情变得

容易了一些。这为他们提供了急需的医疗保险,并解决了他们眼前的财务问题。格雷戈里继续在床上工作,编写数学公式,追寻 π 的值,同时也在数学的其他一些领域取得了开创性的成果。这只是 π 丰富历史中的一则小故事。

除了追寻 π 之外,数学中还有许多悬而未决的问题。也许最简单的一个例子就是哥德巴赫猜想。它指出,任何大于 2 的偶数都可以表示为两个素数之和。这个猜想困扰了数学家 250 多年。尽管使用计算机,我们已经能够知道这个猜想对迄今为止测试过的所有偶数都成立,但我们还没有能够证明它对**所有**大于 2 的偶数都成立。同样,数学家们也被驱使着以更高的精度计算 π。当然,从可用精度的角度来看,这些长到令人难以置信的小数展开式似乎并没有必要。不过,正如你稍后将看到的,这些小数展开式也可以有其用途,即作为一个随机数表,它可以帮助进行统计采样。①

至于不断使用计算机来提高 π 的精度,现在已经到了计算机科学家不再只是对求出更高精度的 π 值感兴趣的地步。相反,他们这样做是为了测试他们的计算机。一台新的计算机或一个新的计算机程序能多快、多准确、以多少位的精度计算出 π 的值?数学家和 π 爱好者总是盼望扩展我们对 π 的了解。他们对扩展已知小数位数以及用于生成这些破纪录尝试的程序或算法的巧妙性都感兴趣。计算机科学家仍然觉得计算 π 的种种算法是对高性能超级计算机进行测试的理想工具。那么,在我们对 π 的了解这一点上,下一个精度水平会带我们走多远?而计算机则需要多少时间来得到这个精确值?虽然这些问题困扰着计算机科学家,但 π 爱好者更感兴趣的是得出的结果。π 近似值的更高精度(现在已经超过 1.24 万亿位小数)会揭示出关于 π 的一些新观念吗?是否会发现更优雅(更高效)的算法来得出 π 的这些近似值?这两个科学家群体都在继续前进着,尽管各自的目标不同,但互为补充。

以下是人们对 π 值的求索过程的一个历史小结:

---

① 这可能不是一个理想的随机数表,因为正如我们在前面提到过的,各个数字在相等的分段内的出现频率是不一致的。——原注

表 2.2　从公元前 2000 年直至现今的 π 值计算表

谁计算了 π	何时	精确到的小数位数	求得的值
巴比伦人	前 2000?	1	$3.125 = 3 + \dfrac{1}{8}$
埃及人	前 2000?	1	$3.16045 \approx 4 \left(\dfrac{8}{9}\right)^2$
中国人	前 1200?	0	3
圣经(《列王纪上》第 7 章 23 节)①	前 550?	0(3)	3(3.1416)
阿基米德	前 250?	3	3.1418
维特鲁维斯	前 15	1	3.125
《后汉书》	130	1	$3.1622 \approx \sqrt{10}$
托勒密	150	3	3.141 66
王蕃	250?	1	$3.155\,555 = \dfrac{142}{45}$
刘徽	263	3	3.141 59
悉檀(Siddhanta)	380	3	3.1416
祖冲之	480?	6	$3.141\,592\,635\,5 \approx \dfrac{355}{113}$
阿耶波多(Aryabhata)	499	4	$3.141\,56 = \dfrac{62\,832}{20\,000}$
婆罗摩笈多(Brahmagupta)	640?	1	$3.162\,277 \approx \sqrt{10}$
花拉子米(Al-Khowarizmi)	800	3	3.1416
斐波那契	1220	3	3.141 818

————————

① 使用希伯来字母代码分析技术——参见第 1 章。——原注

谁计算了 π	何时	精确到的 小数位数	求得的值
阿尔卡西（Al-Kashi）	1430	12	3. 141 592 653 589 873 2
奥托（Otho）	1573	6	3. 141 592 9
韦达	1593	9	3. 141 592 653 6
范罗门	1593	15	3. 141 592 653 589 793
范科伊伦	1596	20	3. 141 592 653 589 793 238 46
范科伊伦	1615	35	3. 141 592 653 589 793 238 462 643 383 279 502 88
牛顿	1665	16	3. 141 592 653 589 793 2
夏普（Sharp）	1699	71	
关孝和（Seki Kowa）	1700?	10	
梅钦（Machin）	1706	100	
德拉尼（De Lagny）	1719	112（计算到小数点后 127 位）	
武部（Takebe）	1723	41	
镰田（Kamata）	1730?	25	
松永（Matsunaga）	1739	50	
冯·韦加（Von Vega）	1794	136（计算到小数点位 140 位）	

谁计算了 π	何时	精确到的 小数位数	求得的值
卢瑟福	1824	152（计算到小数点后 208 位）	
斯特拉斯尼茨基/达泽（Dase）	1844	200	
克劳森	1847	248	
莱曼（Lehmann）	1853	261	
卢瑟福	1853	440	
威廉·尚克斯	1873	527（计算到小数点后 707 位）	
弗格森	1946	620	
弗格森	1947.01	710	
弗格森和兰奇	1948.09	808	
史密斯和兰奇	1949	1120	
瑞特威斯纳等人	1949	2037	
尼克尔森和吉奈尔	1954	3092	
费尔顿	1957	7480	
热尼	1958.01	10 000	

谁计算了 π	何时	精确到的 小数位数	求得的值
费尔顿	1958.05	10 021	
热尼	1959	16 167	
丹尼尔·尚克斯和兰奇	1961	100 265	
吉尤和菲利亚特	1966	250 000	
吉尤和迪尚	1967	500 000	
吉尤和布耶	1973	1 001 250	
三好和彦和金田康正	1981	2 000 036	
吉尤	1982	2 000 050	
田村良明	1982	2 097 144	
田村良明和金田康正	1982	4 194 288	
田村良明和金田康正	1982	8 388 576	
金田康正,吉野(Yoshino)和田村良明	1982	16 777 206	
后(Ushiro)和金田康正	1983.10	10 013 395	
戈斯佩尔(Gosper)	1985.10	17 526 200	

谁计算了 π	何时	精确到的小数位数	求得的值
贝利（Bailey）	1986.01	29 360 111	
金田康正和田村良明	1986.09	33 554 414	
金田康正和田村良明	1986.10	67 108 839	
金田康正、田村良明、久保（Kubo）等人	1987.01	134 217 700	
金田康正和田村良明	1988.01	201 326 551	
丘德诺夫斯基兄弟	1989.05	480 000 000	
丘德诺夫斯基兄弟	1989.01	525 229 270	
金田康正和田村良明	1989.07	536 870 898	
丘德诺夫斯基兄弟	1989.08	1 011 196 691	
金田康正和田村良明	1989.11	1 073 740 799	
丘德诺夫斯基兄弟	1991.08	2 260 000 000	
丘德诺夫斯基兄弟	1994.05	4 044 000 000	
高桥和金田康正	1995.06	3 221 225 466	
高桥和金田康正	1995.08	4 294 967 286	

谁计算了 π	何时	精确到的 小数位数	求得的值
高桥和金田康正	1995.09	6 442 450 938	
高桥和金田康正	1997.06	51 539 600 000	
高桥和金田康正	1999.04	68 719 470 000	
高桥和金田康正	1999.09	206 158 430 000	
金田康正和 东京大学的 9 人团队	2002.09	1 241 100 000 000	

第3章 计算 π 的值

　　到目前为止,我们已经描述了 π,并提到了尝试计算其值的方法。这里包括从数学家高度新颖的(可以说是天才的)猜测,到后来被证明不可能的那些计算上的尝试(即化圆为方),再到精心设计的一些图形,如果进展到足够的程度、足够仔细,就会产生 π 的值。奇怪的是,有些计算 π 值的方法依赖于概率,或者在某种情况下依赖于一些不可思议的深刻见解。在这里,我们将为你提供各种计算 π 值的方法。我们选择了那些广大读者应该容易理解的方法。如果使用的概念有些偏离常规,或者对一些人来说完全不熟悉,我们会提供一些背景信息。我们会介绍那些经典的尝试,而不是最近在计算机帮助下使用的那些方法。我们首先来介绍一种最著名的经典方法,提出这种方法的是阿基米德——数学史上最有天赋的数学家之一。

阿基米德求 π 值的方法

要开始计算 π 值,最简单的方法也许就是阿基米德提出的这种方法。这是一种能借助于我们的直觉的方法。他注意到,当正多边形的边数增加时,在保持半径或边心距①不变的情况下,正多边形周长的极限值就是圆的周长。也就是说,假设我们取前几个正多边形(等边三角形、正方形、正五边形和正六边形),并将它们内接于相同大小的圆。随着正多边形边数的增加,这些多边形的周长就越来越逼近圆的周长。请记住,多边形的每个顶点都在外接圆上。图 3.1 就是我们所说的情况。

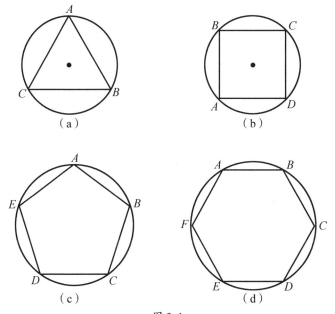

图 3.1

当正多边形的边数进一步增加,变成一个正十二边形(它有 12 条边)时,可能更容易看出这一点(图 3.2)。实际上,我们可以计算出正多边形不断增长的周长,并发现它们逐渐逼近圆的周长。

_____

① 边心距是指从正多边形的中心到其任一条边的中点的线段,它垂直于这条边。——原注

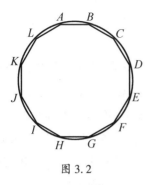

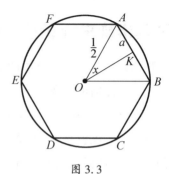

图 3.2   图 3.3

让我们以正六边形作为"一般多边形"的例子。我们将由此推广到具有更多(或更少)边的正多边形。我们从一个半径为 $\frac{1}{2}$ 的圆的内接正六边形开始(图 3.3)。$\angle AOB$ 的大小是整个圆周 360° 的六分之一,即 60°。由于 $OK \perp AB$,垂足为 K,因此 $BK = AK = a$。

我们要求出正六边形的周长,而我们知道圆的半径为 $\frac{1}{2}$,还知道 $\angle AOK$ 的大小为

$$\angle AOK = \frac{1}{2} \times 60° = 30°$$

利用正弦函数①,我们得到

$$\sin \angle AOK = \sin 30° = \frac{a}{\frac{1}{2}} = 2a$$

由于 $\sin 30° = \frac{1}{2}$,因此 $2a = \frac{1}{2}$,$a = \frac{1}{4}$,正六边形的周长是 a 的 12 倍,因此等于 3。

让我们把上面的论述推广到有 n 条边的一个正多边形:

$$\angle x = \frac{1}{2} \cdot \frac{360°}{n} = \frac{180°}{n}$$

① 正弦函数定义为直角三角形中所讨论的角的对边与斜边(直角的对边)之比。——原注

因此,对于一般的、有 n 条边的正多边形,有

$$\sin\frac{180°}{n} = 2a$$

于是这个正 n 边形的周长就是 n 乘 $2a$,因此其周长就等于

$$n \cdot \sin\frac{180°}{n}$$

然后我们可以对 n 取各种不同的值,并计算出此时的各正多边形的周长,而这些正多边形的外接圆半径为 $\frac{1}{2}$。

我们在这里计算出前几个例子,然后在表格中提供其他情况的结果。

当 $n = 3$ 时,$3\sin\dfrac{180°}{3} = 3\sin 60°$

$\approx 3 \times 0.866\ 025\ 403\ 784\ 438\ 646\ 763\ 723\ 170\ 752\ 94$

$= 2.598\ 076\ 211\ 353\ 315\ 940\ 291\ 169\ 512\ 258\ 8$

当 $n = 4$ 时,$4\sin\dfrac{180°}{4} = 4\sin 45°$

$\approx 4 \times 0.707\ 106\ 781\ 186\ 547\ 524\ 400\ 844\ 362\ 104\ 85$

$= 2.828\ 427\ 124\ 746\ 190\ 097\ 603\ 377\ 448\ 419\ 4$

当 $n = 5$ 时,$5\sin\dfrac{180°}{5} = 5\sin 36°$

$\approx 5 \times 0.587\ 785\ 252\ 292\ 473\ 129\ 168\ 705\ 954\ 639\ 07$

$= 2.938\ 926\ 261\ 462\ 365\ 645\ 843\ 529\ 773\ 195\ 4$

当 $n = 6$ 时,$6\sin\dfrac{180°}{6} = 6\sin 30° = 6 \times 0.5 = 3$

这里刚刚得出的计算结果是下表中的前四个条目,表 3.1 中提供了其余条目。

表 3.1

n	内接正 n 边形的周长
3	2.598 076 211 353 315 940 291 169 512 258 8…
4	2.828 427 124 746 190 097 603 377 448 419 4…

n	内接正 n 边形的周长
5	2. 938 926 261 462 365 645 843 529 773 195 4…
6	3. 000 000 000 000 000 000 000 000 000 000 0…
7	3. 037 186 173 822 906 843 330 378 329 938 5…
8	3. 061 467 458 920 718 173 827 679 872 243 2…
9	3. 078 181 289 931 018 597 396 896 532 140 3…
10	3. 090 169 943 749 474 241 022 934 171 828 2…
11	3. 099 058 125 255 726 674 825 597 068 812 8…
12	3. 105 828 541 230 249 148 186 786 051 488 6…
13	3. 111 103 635 738 250 972 933 798 441 382 8…
14	3. 115 293 075 388 401 660 044 635 902 955 1…
15	3. 118 675 362 266 390 056 526 134 266 076 9…
24	3. 132 628 613 281 238 197 161 749 469 491 7…
36	3. 137 606 738 915 694 248 090 313 750 149…
54	3. 139 820 761 165 694 741 092 392 909 741 9…
72	3. 140 595 890 304 191 984 286 221 559 116…
90	3. 140 954 703 225 087 448 139 566 346 28…
120	3. 141 233 796 944 778 313 273 402 266 493 5…
180	3. 141 433 158 711 032 307 495 416 132 936 9…
250	3. 141 509 970 838 151 978 568 647 287 198 7…
500	3. 141 571 982 779 475 624 867 655 078 979 9…
1000	3. 141 587 485 879 563 351 933 227 035 495 9…
10 000	3. 141 592 601 912 665 692 979 346 479 289…

现在将这个由 10 000 条边的正多边形得出的结果（最后一个条目）与我们已经知道的 π 值作一比较。记住，它内接于一个半径为 $\frac{1}{2}$ 的圆。这个正 10 000 边形从视觉上很难与一个圆区分开来（显然是在没有放大增强的情况下）。这个半径为 $\frac{1}{2}$ 的外接圆的周长为 $2\pi r = 2\pi \times \frac{1}{2} = \pi$。

为了进行比较，请看一下已知的 π 值：

π = 3. 141 592 653 589 793 238 462 643 383 279 502 884 197 169 399 375 105 820 974 944…

这个正 10 000 边形周长的近似值精确到了小数点后 7 位。如果我们计算一个有 100 000 条边的正多边形的周长，就会得到更接近的近似值。100 000 条边的正多边形的周长为 3. 141 592 653 073 021 960 483 148 020 753 1…，作为 π 的近似值精确到小数点后 9 位。

阿基米德(显然)无法享用电子(甚至机械)计算设备来帮助他计算。[①] 他也没有位值体系(比如我们的十进制)带来的便利，而且也没有三角函数。不过，他仍然使用了一个 96 条边的正多边形。他认为圆除了是我们刚才使用的内接正多边形的极限图形以外，还是其外切正多边形的极限图形。通过取圆的每对外切正多边形和内接正多边形的周长的平均值，他就将圆的周长"夹在中间"了，在半径为 $\frac{1}{2}$ 的圆的情况下，其周长就是 π。

现在让我们用圆的外切正多边形来重复上述练习，或者换一种说法，在这种情况下，半径为 $\frac{1}{2}$ 的圆内切于正多边形(即这个圆必须与多边形的每一边相切)。和之前一样，我们将考虑边数越来越多的正多边形，每个正多边形都外切于给定的圆。

请注意正多边形的周长是如何逐渐逼近圆的周长的[图 3. 4(a)、图 3. 4(b)、图 3. 5、图 3. 6]。

① 机械计算器是由四位数学家经过了一段相当长的时间才发明出来的。德国数学家席卡德(Wilhelm Schickardt, 1592—1635)于 1623 年制造了第一台数字计算器。帕斯卡(Blaise Pascal, 1623—1662)于 1642 年为他的父亲建造了第一台机械计算器，他的父亲是一名税务员。这台名为帕斯卡计算器或加法器的机器在 1645 年后开始商业化销售。莱布尼茨于 1673 年开发了一台机械计算器，但在伦敦的一次演示中失败了。尽管如此，由于其中所涉及的令人惊叹的思想，它还是被英国皇家学会接受了。英国数学家巴贝奇(Charles Babbage, 1792—1871)尽管将其职业生涯的大部分时间投入到了机械计算器的研发中，但他从未做成过一个完整的产品。他是在 1812 年开始研发的，为此花费了数十年的时间。由于缺少一些精密的工具，最后他于 1833 年终止研发他的"分析机"。1944 年，IBM 公司和哈佛大学合作研制成功了自动顺序控制计算器，使他的工作首次以一台能运行的机器形式实现了。——原注

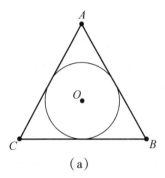

(a)

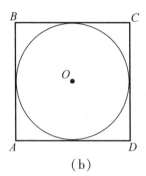

(b)

图 3.4

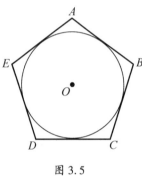

图 3.5

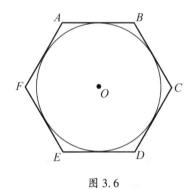

图 3.6

这一次,我们把一个半径为 $\frac{1}{2}$ 的圆的外切正五边形视为我们要研究的第一个正多边形(图 3.7)。然后,我们将推广我们的程序,将其扩展到其他的正多边形。

我们的目标是求出这个边长为 $2a$ 的正五边形的周长。我们知道

$$\tan \angle AOK = \frac{a}{OK} \text{①} \text{和} \angle AOB = 72°$$

因此

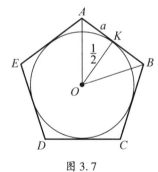

图 3.7

———————

① 正切函数定义为直角三角形中所讨论的角的对边与邻边之比。——原注

$$\angle AOK = 36°，而\ OK = \frac{1}{2}$$

因此

$$a = \frac{1}{2}\tan 36° \approx \frac{1}{2} \times 0.726\ 542\ 528\ 005\ 360\ 885\ 895\ 466\ 757\ 480\ 62$$

$$= 0.363\ 271\ 264\ 002\ 680\ 442\ 947\ 733\ 378\ 740\ 31$$

然而,五边形的周长是 a 的 10 倍,也就是约 3.632 712 640 026 804 429 477 333 378 740 31(这是由 $2a$ 的 5 倍求出的,或约为 3.6327),这个值还不是很接近 π。圆的周长为 $2\pi r = 2\pi \times \frac{1}{2} = \pi$。

在正 n 边形的一般情况下

$$\angle AOK = \frac{1}{2} \cdot \frac{360°}{n} = \frac{180°}{n}$$

根据正五边形的例子可知,$\tan\angle AOK = \frac{a}{OK}$。由此可得

$$a = OK \cdot \tan\angle AOK = \frac{1}{2} \cdot \tan\frac{180°}{n}$$

于是这个正多边形的周长就是

$$n \cdot 2a = 2n \cdot \frac{1}{2}\tan\frac{180°}{n} = n \cdot \tan\frac{180°}{n}$$

和之前一样,我们将计算各种正多边形的周长。不过这次是求半径为 $\frac{1}{2}$ 的圆的外切正多边形的周长。我们已经计算出了正五边形的周长,所以我们现在要计算正六边形的周长。

当 $n = 6$ 时,$n \cdot \tan\frac{180°}{n} = 6 \cdot \tan\frac{180°}{6} = 6 \cdot \tan 30° = \frac{6\sqrt{3}}{3} \approx 3.4641$

对于 $n = 3,4,5,\cdots$,列出小数点后多位,有如表 3.2 所示结果:

表 3.2

n	外切正 n 边形的周长
3	5.196 152 422 706 631 880 582 339 024 517 6⋯
4	4.000 000 000 000 000 000 000 000 000 000 0⋯

n	外切正 n 边形的周长
5	3. 632 712 640 026 804 429 477 333 787 403 1···
6	3. 464 101 615 137 754 587 054 892 683 011 7···
7	3. 371 022 331 652 700 510 325 136 471 398 8···
8	3. 313 708 498 984 760 390 413 509 793 677 6···
9	3. 275 732 108 395 821 252 159 430 944 991 5···
10	3. 249 196 962 329 063 261 558 714 122 151 3···
11	3. 229 891 422 322 033 854 206 682 968 594 4···
12	3. 215 390 309 173 472 477 670 643 901 929 5···
13	3. 204 212 219 415 707 647 300 314 921 629 1···
14	3. 195 408 641 462 099 133 086 559 068 854 2···
15	3. 188 348 425 050 331 878 893 874 908 551 2···
24	3. 159 659 942 097 500 483 316 634 977 833 2···
36	3. 149 591 886 933 264 187 992 672 099 658 6···
54	3. 145 141 843 379 103 939 149 342 108 600 4···
72	3. 143 587 889 412 868 459 562 603 039 917 4···
90	3. 142 869 254 257 295 745 036 236 319 635 3···
96	3. 142 714 599 645 368 298 168 859 093 772 1···
120	3. 142 310 588 302 431 466 723 659 275 342 8···
180	3. 141 911 687 079 165 437 723 201 139 551 ···
250	3. 141 758 030 844 894 435 370 769 061 338 4···
500	3. 141 633 995 944 886 064 595 295 769 473 2···
1000	3. 141 602 989 056 156 126 041 343 290 105 4···
10 000	3. 141 592 756 944 052 919 724 670 771 911 8···

你同样会注意到,正多边形的边越多,它的周长就越逼近圆的周长——我们现在知道它等于 π。

正如我们之前所说,阿基米德领会到圆的内接正多边形和外切正多边形将圆"夹在中间",图 3. 8 明示了内接正十二边形和外切正十二边形($n=12$)这一情况。

图 3. 8

他还提议对每种类型的正多边形都取这两个周长的平均值,以得到更好的近似值。不同的 n 所对应的平均值如表 3. 3 所示。

表 3.3

n	内接正 n 边形的周长	外切正 n 边形的周长	内接正 n 边形和外切正 n 边形的周长平均值
3	2.5980762113533159402911695122588…	5.1961524227066318805823390245176…	3.8971143170299739104367542683875…
4	2.8284271247461900976033774484194…	4.0000000000000000000000000000000…	3.4142135623730950488016887242095…
5	2.9389262614623656458435297731954…	3.6327126400268044294773337874031…	3.2858194507445850376660431780299…
6	3.0000000000000000000000000000000…	3.4641016151377545870548926830117…	3.2320508075688772935274463415055…
7	3.0371861738229068433303783299385…	3.3710223316527005103251364713988…	3.2041042527378036768277574000668…
8	3.0614674589207181738276798722432…	3.3137084989847603904135097936776…	3.1875879789527392821205948329 6…
9	3.0781812899310185973968965321403…	3.2755721083958212521594309449915…	3.1769566991634199247781637385655…
10	3.0901699437494742410229341718282…	3.2491969623290632615587141221513…	3.1696834530392687512908241469895…
11	3.0990581252557266748255970688128…	3.2298914223220338542066829685944…	3.1644747737888880264516140018703…
12	3.1058285412302491481867860514886…	3.2153903091734724776704390192295…	3.1606094252018608129287149767085…
13	3.1111036357382509729337984413828…	3.2042122194157076473003149216291…	3.1576579275769793101170566815055…
14	3.1152930753884016600446359029551…	3.1954086414620991330865590688542…	3.1553508584252503965655974859045…
15	3.1186753622663900565261342660769…	3.1884842505033187889387490855512…	3.1535118936583609677100045873315…

持续数千年的数学探索　圆周率

n	内接正 n 边形的周长	外切正 n 边形的周长	内接正 n 边形和外切正 n 边形的周长平均值
24	3. 1326286132812381971617494694917…	3. 1596599420975004833166349778332…	3. 146144277689369340239192223662…
36	3. 1376067389156924480903137501490…	3. 1495918869332641879926720996586…	3. 1435993129244792180414929249035…
54	3. 1398207611656947410923929097419…	3. 1451418433791039391493421086004…	3. 1424813022723939401208675091705…
72	3. 1405958903041198428622155911 6…	3. 1435878894128645956260303991 74…	3. 1420918898585302219244122995165…
90	3. 1409547032250874481395663462 8…	3. 1428692542572957450362263196353…	3. 1419119787411915965879013329575…
96	3. 1410319508905096381113529264597…	3. 1427145996453682981688590937721…	3. 141873272679389681401060101155…
120	3. 1412337969447783113273402266493 5…	3. 1423105883024314667236592753428…	3. 1417721926236048899985307709175…
180	3. 1414331587110323074954161329369…	3. 1419116870791654377232011139551…	3. 1416724422895098872609308636243 5…
250	3. 1415099708381519785864728719 87…	3. 1417580308448944353707690613384…	3. 1416340008411523206969708174268…
500	3. 1415719827794756248676550789799…	3. 1416339959448860645952957694732…	3. 1416029893621808447311475424226…
1000	3. 1415874858795633519332270354959…	3. 1416029890561261260413432901054…	3. 1415952374678597389872851628…
10 000	3. 1415926019126656929703446479289…	3. 1415927594405291972467077191 18…	3. 1415926794283593063520086256…

对于每种类型的多边形,这两个周长的平均值(最右边一列)最接近 π。阿基米德做这些计算的时候,他并没有像我们一样计算了那么多例子。他从两个正六边形开始,然后将边数增加一倍,使用两个正十二边形(12 条边的正多边形),然后使用两个正二十四边形、两个正四十八边形和两个正九十六边形。

尽管他的计算可能不如我们的准确,我们也没有他如何计算的记录,但他确实从正九十六边形得出结论,一个圆的周长与其直径之比——也就是 π——大于 $3\frac{10}{71}$,小于 $3\frac{1}{7}$。我们可以把这一点写成符号形式

$$3\frac{10}{71}<\pi<3\frac{1}{7}$$

为了与上面的结果相比较,我们把此式展开成小数形式,即

3. 140 845 070 422 535 211 267 605 633 802 8…<π<3. 142 857 142 857 142 857 142 857 142 857 1…

自从阿基米德采用巧妙的方法以来,我们已经取得了很大的进展。正如我们前面提到的,我们现在可以将 π 计算到比以往能想象到的更多的位数。不过,阿基米德的这种"原始"方法可以让我们更直观地了解 π 所代表的比值到底是什么。

库萨的尼古拉提出的与阿基米德反向的方法

阿基米德使用给定圆的内接正多边形和外切正多边形,一次次地增加边的数目。其论据是,随着正多边形边数的增加,被两个正多边形"夹在中间"的圆的周长就是这两个正多边形周长的极限值。

库萨的尼古拉(Nicholas of Cusa,1401—1464)开发了一种类似的方法,让我们用内切圆和外接圆将边数不断增加的正多边形"夹在中间"。库萨的尼古拉①的名字来源于他的家乡,德国摩泽尔(Mosel)河畔的库斯(现在的拼写为 Kues)。按照如今的评价,他被认为是从中世纪向现代过渡时期的德国先驱思想家之一,但他作为一名数学家并不太出名。他更为人所知的是他在教会中的重要职位。1488 年,他成为红衣主教,是意大利北部布里森(Brixen)的主教和罗马总督(或副主教)。作为一位数学家,他曾尝试化圆为方②,以及将一般角三等分③,但都失败了,而我们现在知道这两种尝试都是不可能做到的。正如对三个"古代著名问题"之一(即化圆为方)着迷的许多数学家一样,尼古拉的各种尝试使他得出了 π 的精细近似值。让我们来看看尼古拉在这些尝试中取得了什么成就。我们会在这里加以说明,但是会使用比较现代的术语。

1450 年,尼古拉用内切圆和外接圆将一个周长固定为 2 的正多边形嵌在中间。他使用了 $n=4,8,16,32,\cdots$ 这一系列的正 n 边形。

让我们像尼古拉一样,从一个正方形开始(当然,它也可以被称为一

---

① 有时也用他的拉丁名字 Cusanus 来称呼他。——原注

② 三个古代著名问题之一是如何"化圆为方",要求只用一把无刻度的直尺和一副圆规作出一个正方形,使其面积等于给定圆的面积。现今我们已经知道,这是不可能做到的。——原注

③ 三个古代著名问题中的另一个是如何"将一个角三等分",而这在今天也不再是问题了。这意味着如何(只用一把无刻度的直尺和一副圆规)将一个一般角的角度三等分。这个角度不是任何特定的度数,因为对于一些特殊的角度,比如说直角,这是可能做到的。现在我们已经知道,一般角的这种三等分是不可能做到的。"——原注

个正四边形)。我们设这个正方形的边长为 $a_4 = \dfrac{1}{2}$，并设此正方形的周长

为 p_4。因此 $p_4 = 4a_4 = 2$。

考虑图 3.9 中的正方形的内切圆(周长为 $C_{内切圆}$)和外接圆(周长为 $C_{外接圆}$)。内切圆的半径为

$$h_4 = \frac{a_4}{2} = \frac{1}{4} = 0.25$$

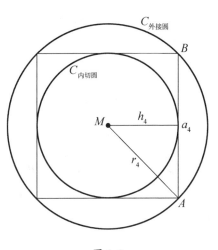

图 3.9

外接圆的半径为

$$r_4 = \sqrt{h_4^2 + \left(\frac{a_4}{2}\right)^2} = \frac{\sqrt{2}}{4} \approx 0.353\,553\,390\,5$$

我们可以清楚地看到，正方形的周长在两个圆的周长之间，所以我们可以将其与两个圆的周长 $C_{内切圆}$ 和 $C_{外接圆}$ 作比较，得到

$$C_{内切圆} < p_4 < C_{外接圆}，即\ 2\pi h_4 < 2 < 2\pi r_4$$

将所有项都除以 2，得到

$$\pi h_4 < 1 < \pi r_4$$

再将所有项都除以 π，得到

$$h_4 < \frac{1}{\pi} < r_4$$

对每一项取倒数，将不等式反过来，我们就得到

$$\frac{1}{r_4} < \pi < \frac{1}{h_4}$$

由于 $r_4 = \frac{\sqrt{2}}{4}$，因此 $\frac{1}{r_4} = \frac{4}{\sqrt{2}} \approx 2.828\ 427\ 13$，而 $\frac{1}{h_4} = 4$。因此，$2.828\ 427\ 13 <$ $\pi < 4$，这是 π 值的一个相当粗略的近似。但是，请等一下，随着正多边形边数的增加，π 的估计值应该会变得更好。

下一步是将刚才的正多边形的边数加倍，得到一个正八边形。尼古拉考虑了一个正八边形，其内切圆（周长为 $C_{内切圆}$）半径为 h_8，外接圆（周长为 $C_{外接圆}$）半径为 r_8（图 3.10）。

由于每条边都取 $a_8 = \frac{1}{4}$，因此正八边形的周长是 $p_8 = 8a_8 = 2$。

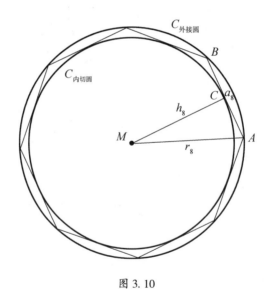

图 3.10

$\angle AMB = 45°$，因此 $\angle AMC = 22.5°$。

$$\tan \angle AMC = \tan 22.5° = \sqrt{2} - 1 = \frac{\dfrac{a_8}{2}}{h_8} = \frac{a_8}{2h_8} \quad ①$$

然后可以将其转换为

$$h_8 = \frac{a_8}{2\tan \angle AMC} = \frac{\dfrac{1}{4}}{2(\sqrt{2}-1)} = \frac{1}{8(\sqrt{2}-1)} = \frac{\sqrt{2}+1}{8} \approx 0.301\ 776\ 695\ 2 \quad ②$$

根据毕达哥拉斯定理，$r_8^2 = h_8^2 + \left(\dfrac{a_8}{2}\right)^2$，我们得到

$$r_8 = \sqrt{\frac{\sqrt{2}}{32} + \frac{1}{16}} \approx 0.326\ 640\ 741\ 2$$

对于周长 p_8 和周长 $C_{\text{内切圆}}$ 和 $C_{\text{外接圆}}$，我们得到

$$C_{\text{内切圆}} < p_8 < C_{\text{外接圆}}，即\ 2\pi h_8 < 2 < 2\pi r_8$$

将所有项都除以 2，就得到 $\pi h_8 < 1 < \pi r_8$。再将所有项都除以 π，就有 $h_8 <$

---

① 将一个等腰直角三角形一个底角平分得到 22.5°（图 3.11），并对其应用高中课程中的一条定理，就可以得到 $\tan 22.5° = \sqrt{2} - 1$。该定理指出，三角形的角平分线将其对边分成的两条线段与这个角的两条邻边成正比。因此 $\dfrac{\sqrt{2}}{1} = \dfrac{1-x}{x}$，由此得到 $x\sqrt{2} = 1 - x$，即 $x = \dfrac{1}{\sqrt{2}+1}$ 将分母有理化，得到 $x = \dfrac{1}{\sqrt{2}+1} \times \dfrac{\sqrt{2}-1}{\sqrt{2}-1} = \sqrt{2} - 1$。——原注

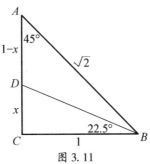

图 3.11

② 这是通过将分母有理化得到的，即将原式乘 $\dfrac{\sqrt{2}+1}{\sqrt{2}+1}$，也就是 1。——原注

$\dfrac{1}{\pi} < r_8$。

同样,对每一项取倒数,我们就得到

$$\frac{1}{r_8} < \pi < \frac{1}{h_8}$$

这意味着对于倒数值

$$\frac{1}{r_8} = \sqrt{32 - 16\sqrt{2}} = 4\sqrt{2 - \sqrt{2}} \approx 3.061\,467\,458$$

和

$$\frac{1}{h_8} = 8(\sqrt{2} - 1) \approx 3.313\,708\,498$$

我们最终得到了一个更精确的范围

$$3.061\,467\,458 < \pi < 3.313\,708\,498$$

现在,我们要迈出一大步,尝试将 π 值夹在中间的一般情况。对于不再熟悉高中数学的一些复杂内容的读者来说,这可能有点难,但这种一般性的结论要比整个过程更重要。

对于一般情况,正 n 边形($n = 4, 8, 16, 32, \cdots$)的内切圆(周长为 $C_{内切圆}$)半径为 h_n,外接圆(周长为 $C_{外接圆}$)半径为 r_n。我们在上面已经确定了

$$\frac{1}{r_n} < \pi < \frac{1}{h_n}$$

通过这种方式,如果我们用边数越来越多的正 n 边形(周长为 2)通过迭代法①确定此时的内切圆半径和外接圆半径,那么我们就可以得出 π 所在区间的一般形式。

尼古拉是如何得到他的迭代方法的?为了解释这一点,我们再来观察一下图 3.12 中的正 n 边形($n = 4, 8, 16, 32, \cdots$):

我们假设 $AB = a_n$,$MA = MB = r_n$,$MH = h_n$。将正多边形的边数加倍后,

---

① 迭代法是一种计算过程:所要求的结果是通过一系列重复的运算循环地实现的,其中每一步都更接近所求的结果。——原注

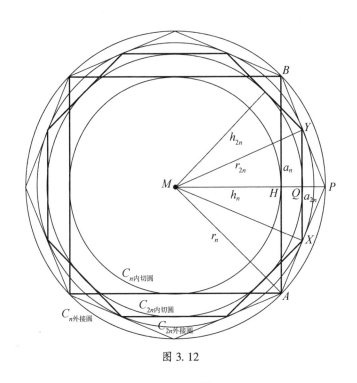

图 3.12

我们就得到了正 $2n$ 边形。这里 P 是弧 $\overset{\frown}{AB}$ 的中点,而 X 和 Y 是 $\triangle ABP$ 的边 AP 和 BP 的中点。因此,$XY = \dfrac{AB}{2}$。XY 是周长为 2、中心为 M 的正 $2n$ 边形的边。由此可得 $MP = MA = r_n$,$MX = MY = r_{2n}$,以及 $MQ = h_{2n}$(比较图 3.12 中 $n = 4$ 和 $2n = 8$ 的情况)。

由于 Q 是线段 PH 的中点,因此我们有 $h_{2n} = \dfrac{r_n + h_n}{2}$。

在 Rt$\triangle MPX$ 中,$MX^2 = MQ \cdot MP$。[①] 这可以写成 $r_{2n}^2 = h_{2n} \cdot r_n$,由此能得到

$$r_{2n} = \sqrt{h_{2n} \cdot r_n}$$

为了生成其余 n 边形的值(其中 $n = 16, 32, 64$ 等),我们可以使用一

---

① 这是由 $\triangle MXP$ 和 $\triangle MQX$ 相似得到的,或者应用我们熟悉的比例中项定理也可得到。——原注

般情况。我们使用下列通项：

$$h_4 = \frac{1}{4}; r_4 = \frac{\sqrt{2}}{4} \quad （起始值）$$

$$h_{2n} = \frac{r_n + h_n}{2}; r_{2n} = \sqrt{h_{2n} \cdot r_n} \quad （迭代项）$$

它们给出表 3.4：

表 3.4

n	h_n	r_n	$\dfrac{1}{r_n}$	$\dfrac{1}{h_n}$
4	0. 25	0. 353 553 390 5	2. 828 427 124	4
8	0. 301 776 695 2	0. 326 640 741 2	3. 061 467 458	3. 313 708 498
16	0. 314 208 718 2	0. 320 364 430 9	3. 121 445 152	3. 182 597 878
32	0. 317 286 574 6	0. 318 821 788 6	3. 136 548 490	3. 151 724 907
64	0. 318 054 181 6	0. 318 437 753 8	3. 140 331 156	3. 144 118 385
128	0. 318 245 967 7	0. 318 341 846 3	3. 141 277 250	3. 142 223 629
256	0. 318 293 907 0	0. 318 317 875 8	3. 141 513 801	3. 141 750 369
512	0. 318 305 891 4	0. 318 311 883 5	3. 141 572 940	3. 141 632 080
1024	0. 318 308 887 4	0. 318 310 385 5	3. 141 587 725	3. 141 602 510
2048	0. 318 309 636 5	0. 318 310 011 0	3. 141 591 421	3. 141 595 117
4096	0. 318 309 823 7	0. 318 309 917 3	3. 141 592 345	3. 141 593 269
8192	0. 318 309 870 5	0. 318 309 893 9	3. 141 592 576	3. 141 592 807
16 384	0. 318 309 882 2	0. 318 309 888 1	3. 141 592 634	3. 141 592 692
32 768	0. 318 309 885 2	0. 318 309 886 6	3. 141 592 648	3. 141 592 663

我们已将 π 的值精确到了小数点后 7 位：3. 141 592 6。为了比较，这里给出精确到小数点后 31 位的 π 值：

π = 3. 141 592 653 589 793 238 462 643 383 279 5⋯

阿基米德的方法依赖于正弦和正切三角函数,而尼古拉的方法仅依赖于一些基本定理,如毕达哥拉斯定理、相似性和一些三角函数的基本定义。此外,他还用到了算术平均值和几何平均值来进行迭代:

$$A(x,y) = \frac{x+y}{2} = \frac{r_n + h_n}{2} = h_{2n}$$

$$G(x,y) = \sqrt{x \cdot y} = \sqrt{h_{2n} \cdot r_n} = r_{2n}$$

通过数方格来计算 π 的值

确定 π 的实际值总是充满了挑战性。任何计算 π 值的方法在算术方面都不轻松。一方面,对下面的这些方法,我们只需要具有基本的数学知识,但另一方面,这些 π 的近似值并不像阿基米德或尼古拉计算得那样精确。我们在这里提供几种相对简单的计算 π 值的方法。

为了确定一个圆的面积,我们可以用一个正方形网格覆盖它(每个正方形的边长为 1),我们会数出圆内部的方格数(a)。然后,我们再数出与圆周相交的方格数(b)。

我们**假设**[①]这些相交方格的一半面积位于圆的内部,而另一半面积位于圆的外部。

因此,我们有 $a+\dfrac{b}{2}$ 作为圆面积的近似值。让我们用下面的例子来考虑这个问题。

例 1:半径 $r=8$ 的圆(图 3.13)。

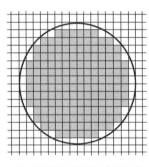

$a=14\times6+12\times4+10\times2+6\times2=164$

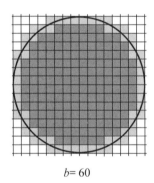

$b=60$

图 3.13

使用圆的面积公式,我们得到

$$S=\pi r^2\approx 3.14\times8^2=200.96$$

现在使用数正方形的方法,我们得到以下结果

———————————

① 正是这个假设限制了 π 近似值的精度。——原注

$$\text{近似值:} S = a + \frac{b}{2} = 164 + 30 = 194$$

这个结果接近用公式得到的"实际值"200.96。与上面的传统方法相比,这种方法还是有其优越的一面的。

由此我们可以得出 π 的近似值:此圆的近似面积为 194。这应该等于 $8^2\pi = 64\pi$,因此 $64\pi \approx 194$。这样就给出了一个 π 值:$\pi \approx 3.031\ 25$。

当我们使用更多数量的方格,例如当 $r = 10$ 时,就会得到更好的近似值。

例 2:半径 $r = 10$ 的圆(图 3.14)。

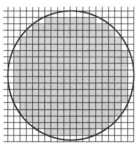
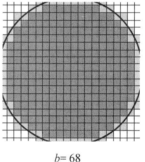

$a=18 \times 8+16 \times 4+14 \times 2+12 \times 2+8 \times 2=276$ $b= 68$

图 3.14

$$S = \pi r^2 \approx 3.14 \times 10^2 = 314$$

此时的近似值为

$$S = a + \frac{b}{2} = 276 + 34 = 310$$

这个近似值现在更接近于由公式确定的"实际值"314。同样,此时 $S = 310 = 10^2\pi = 100\pi$。因此,$\pi \approx \frac{310}{100} = 3.1$,精确性比前一个近似值更好。

我们不需要去数整个圆的两种方格,只需将正方形网格分成四个象限,再观察其中一个象限就够了,数出这个象限中的两种方格,然后将结果乘 4 即可。

通过数格点计算 π 的值

高斯使用的方法相对简单一些。他确定圆面积的方法不是数方格数，而是数圆内部方格的格点数。格点就是具有整数坐标的点。对于半径为 r 的圆，我们可以用 $x^2+y^2 \leqslant r^2$（毕达哥拉斯定理）来找到圆内的所有格点。

如果 $f(r)$ 表示位于半径为 r 的圆形区域中的格点数，那么我们（借助于高斯的想法）就得到了 π 的近似值：

$$\pi \approx \frac{f(r)}{r^2}$$

这应该会让人回想起（尤其是如果你把这个"近似的等式"的两边都乘 r^2）现在已经很著名的圆的面积公式，即 $S = \pi r^2$。

有一个求 $f(r)$ 的公式，但这个公式很复杂，我们会用一些例子来替代。请考虑以下例子。

例（图 3.15）：

$$f(r)=317, r^2=100, 因此 \frac{f(r)}{r^2}=3.17 \approx \pi$$

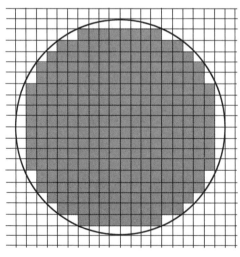

图 3.15

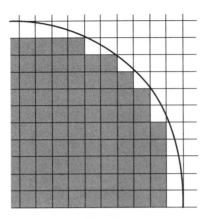

图 3.16

我们不需要去数整个圆,只需观察一个象限就够了(图 3.16),再分别数出相应的格点(请注意原点只计算一次)。

进一步得出的值如表 3.5 所示:

表 3.5

r	5	10	20	30	100	200	300	⋯	100 000
$f(r)$	81	317	1257	2821	31 417	125 629	282 697		31 415 925 457
$\dfrac{f(r)}{r^2}$	3.24	3.17	3.1425	3.134	3.1417	3.140 725	3.141 07		3.141 592 545 7

看起来,$\dfrac{f(r)}{r^2}$ 这个数列在趋向于 π 的实际值 3.141 592 6⋯。

当 $r = 20$ 时,我们已经精确到了小数点后 2 位。奇怪的是,当 $r = 30$ 时,π 的值又变得不那么准确了,但最终会越来越接近 π 的真实值。

利用物理性质来计算 π 的值

下面是一位物理学家可能会使用的一种确定 π 值的方法,这也许会比计算方格或格点的烦琐任务要简单。

如图 3.17 所示,他会从一块厚度均匀的纸板上切下一个半径为 10 厘米的圆形,(尽可能精确地)称出它的重量。然后,他将其重量(或质量)与由同一材料切出的正方形(边长为 20 厘米)的重量作比较。

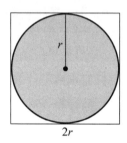

图 3.17

现在,我们称出半径为 r 的圆与边长为 $2r$ 的正方形的重量(图 3.17),由此比较两者的面积。①

$$\frac{m_{正方形}}{m_{圆}} = \frac{(2r)^2}{\pi r^2} = \frac{4r^2}{\pi r^2} = \frac{4}{\pi} \approx 1.273\ 239②,因此\ \pi \approx 3.141\ 594$$

18 世纪,法国农学家塞尔(Franzose Olivier de Serres)用一架天平"证明"了:如果一个正方形的边长等于一个圆的内接等边三角形的边长,那么这个圆的重量就与这个正方形的重量一样——这里假设了两个图形是用同一材料切出的。你若按下面的推导一步步地看下去(图 3.18),最后就会得出 π=3 这一结果!

---

① 严格说来,如果将纸板的厚度视为这两个物体的高度,那么我们实际上有一个圆柱体和一个长方体。——原注

② 实际上是一个恒定值。——原注

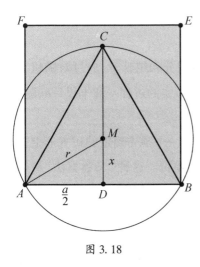

图 3. 18

在 $\triangle ADM$ 中，$\angle DAM = \dfrac{60°}{2} = 30°$，

$\sin \angle DAM = \dfrac{x}{r} = \dfrac{1}{2}$，因此 $x = \dfrac{r}{2}$。

$\left(\dfrac{a}{2}\right)^2 = r^2 - x^2 = \dfrac{3}{4}r^2$，因此 $\dfrac{a}{2} = \dfrac{\sqrt{3}}{2}r$。

正方形的面积 $= a^2 = (\sqrt{3}\,r)^2 = 3r^2$，

圆的面积 $= \pi r^2$，

于是我们可以得出结论：$\pi = 3$。

确定 π 值的蒙特卡罗方法

蒙特卡罗方法[①]是一种利用概率、微积分和统计学,通过对随机实验的大量测试形成总结,从而确定一些客观事实的过程。蒲丰投针问题(见第 1 章)被认为是蒙特卡罗方法之一。

另一个这样的过程可以通过雨滴落在一个预先确定的正方形上来模拟,或者类似地通过随机投掷一些飞镖来模拟。这种"飞镖算法"可以在学校环境中使用,因此我们将它在这里作为一个例子。

为此,需要模拟一场随机的降雨,并计算雨滴落在一个边长为 2 的正方形的内切圆(半径为 1)的内部和外部的次数(图 3.19)。如果不使用雨滴,而是使用飞镖投掷,可能会是一个更好的做法。我们作以下考虑,就有可能确定 π 的值。

命中圆内的次数和总投掷次数之间的关系会产生 π 的一个近似值:

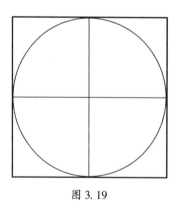

正方形

边长:$2r = 2$

面积:$S_{正方形} = (2r)^2 = 4$

圆

半径:$r = 1$

面积:$S_{圆} = \pi r^2 = \pi$

图 3.19

$$\frac{S_{圆}}{S_{正方形}} = \frac{\pi r^2}{4r^2} = \frac{\pi}{4}$$

$$\frac{\pi}{4} = 投中圆内的概率 = \frac{命中圆内的次数}{总投掷次数}$$

只有在经过大量投掷之后,才能从这种方法中得出 π 的良好近似值

---

① 这个名字取自赌博天堂——摩纳哥的蒙特卡罗。——原注

(图 3.20)。随机发生器(飞镖投掷者或洒水滴者)必须产生真正随机的数字,并且不受到任何规律的制约,也就是说,飞镖投掷者或洒水滴者不得影响飞镖或水滴下落的位置。

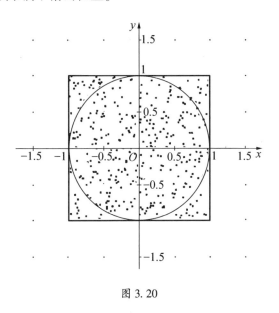

图 3.20

例如,对于第一象限,我们得到了 10 次投掷的情况,第一次和第四次投掷不满足条件 $x^2+y^2\leqslant1$,这 2 个点在目标区域之外,因此图 3.21 中仅画出 8 个点:

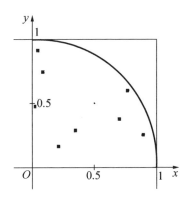

图 3.21

为了计算出面积之比,现在使用的方法是蒙特卡罗积分。这可以按如下方式进行:

● 使用随机数生成器,"掷出"范围在 0 到 $2r$ 之间的一个 x 值和一个 y 值。

● 用毕达哥拉斯定理检查掷出的点 $P(x,y)$ 是位于圆内还是圆外。

● 计算命中圆内的次数。

● 重复该程序——重复频率越高,期望的 π 值就越精确。

根据一个级数计算 π

在前文中,我们考虑过由德国著名数学家莱布尼茨(现在认为他与牛顿共同创立了现代微积分)提出的下面这个计算 π 的公式:

$$\frac{\pi}{4} = 1 - \frac{1}{3} + \frac{1}{5} - \frac{1}{7} + \frac{1}{9} - \frac{1}{11} + \cdots$$

莱布尼茨也被认为是西方世界的伟大哲学家之一,他曾用"上帝喜欢奇数"(Numero deus impare gaudet)来评论 π 与分母为奇数的单位分数(即以 1 为分子的分数)交替加减模式之间的这个不寻常联系。

我们在前文中提到过,这个级数趋近 π 值的过程相当缓慢,因为达到 π 的 5 位精度需要十万项,而对于 6 位精度,我们需要将这个级数计算到一百万项。

让我们来看看这个级数的"行为"是怎样的。我们将这个等式的两边乘4:

$$\pi = 4 \times \left(1 - \frac{1}{3} + \frac{1}{5} - \frac{1}{7} + \frac{1}{9} - \frac{1}{11} + \frac{1}{13} - \frac{1}{15} + \cdots \right) = 4 \sum_{i=1}^{\infty} \frac{(-1)^{i+1}}{2i-1} \quad ①$$

表 3.6 给出了取级数的前 n 项对应的部分和。

---

① 这个表达式只是表示这种级数的一个数学简写形式。——原注

表 3.6

n	部分和	准确值	近似值
1	4×1	4	4
2	$4\times\left(1-\dfrac{1}{3}\right)$	$\dfrac{8}{3}$	2.666 666 666
3	$4\times\left(1-\dfrac{1}{3}+\dfrac{1}{5}\right)$	$\dfrac{52}{15}$	3.466 666 666
4	$4\times\left(1-\dfrac{1}{3}+\dfrac{1}{5}-\dfrac{1}{7}\right)$	$\dfrac{304}{105}$	2.895 238 095
5	$4\times\left(1-\dfrac{1}{3}+\dfrac{1}{5}-\dfrac{1}{7}+\dfrac{1}{9}\right)$	$\dfrac{1052}{315}$	3.339 682 539
6	$4\times\left(1-\dfrac{1}{3}+\dfrac{1}{5}-\dfrac{1}{7}+\dfrac{1}{9}-\dfrac{1}{11}\right)$	$\dfrac{10\,312}{3465}$	2.976 046 176
7	$4\times\left(1-\dfrac{1}{3}+\dfrac{1}{5}-\dfrac{1}{7}+\dfrac{1}{9}-\dfrac{1}{11}+\dfrac{1}{13}\right)$	$\dfrac{147\,916}{45\,045}$	3.283 738 483
8	$4\times\left(1-\dfrac{1}{3}+\dfrac{1}{5}-\dfrac{1}{7}+\dfrac{1}{9}-\dfrac{1}{11}+\dfrac{1}{13}-\dfrac{1}{15}\right)$	$\dfrac{135\,904}{45\,045}$	3.017 071 817
9	$4\times\left(1-\dfrac{1}{3}+\dfrac{1}{5}-\dfrac{1}{7}+\dfrac{1}{9}-\dfrac{1}{11}+\dfrac{1}{13}-\dfrac{1}{15}+\dfrac{1}{17}\right)$	$\dfrac{2\,490\,548}{765\,765}$	3.252 365 934
10	$4\times\left(1-\dfrac{1}{3}+\dfrac{1}{5}-\dfrac{1}{7}+\dfrac{1}{9}-\dfrac{1}{11}+\dfrac{1}{13}-\dfrac{1}{15}+\dfrac{1}{17}-\dfrac{1}{19}\right)$	$\dfrac{44\,257\,352}{14\,549\,535}$	3.041 839 618
100	$4\times\left(1-\dfrac{1}{3}+\dfrac{1}{5}-\dfrac{1}{7}+\cdots-\dfrac{1}{199}\right)$	分子和分母各有 88 位（见后文）	3.131 592 903
1000	$4\times\left(1-\dfrac{1}{3}+\dfrac{1}{5}-\dfrac{1}{7}+\cdots-\dfrac{1}{1999}\right)$	—	3.131 592 902
10 000	$4\times\left(1-\dfrac{1}{3}+\dfrac{1}{5}-\dfrac{1}{7}+\cdots-\dfrac{1}{19\,999}\right)$	—	3.141 492 653
100 000	$4\times\left(1-\dfrac{1}{3}+\dfrac{1}{5}-\dfrac{1}{7}+\cdots-\dfrac{1}{199\,999}\right)$	—	3.141 582 653

上表中当 $n=100$ 时(准确值):

82520797594139703866644546876211744359831011150129126319977696145796778628457860706670883
26351061627572364424958263030846984955655811155090408924128673587283907660990420109898375

近似值在 π 的实际值附近来回"跳跃",因为这些项交替地相加或相减,因此它交替地大于或小于 π。我们将 $n=100\ 000$(表中的最后一个条目)的近似值与 $π=\mathbf{3.\ 141\ 592}\ 653\ 589\ 793\ 238\ 4\cdots$这一正确值进行比较,实际上只精确到小数点后 4 位。然后,当我们增大 n 的值时,π 的近似值就变得越来越精确了(即越来越接近 π 的真实值)。

$n=1\ 000\ 000$:近似值$=\mathbf{3.\ 141\ 59}1\ 653$

$n=10\ 000\ 000$:近似值$=\mathbf{3.\ 141\ 592}\ 553$

$n=100\ 000\ 000$:近似值$=\mathbf{3.\ 141\ 592\ 6}43$

计算 π 值的一个更好的级数

还有其他一些级数比莱布尼茨级数更快地收敛①到 π。

前面我们提到了欧拉发现的推导 π 值的公式：

$$\frac{\pi^2}{6} = \frac{1}{1^2} + \frac{1}{2^2} + \frac{1}{3^2} + \frac{1}{4^2} + \frac{1}{5^2} + \cdots$$

或者（在乘 6 和开平方之后）：

$$\pi = \sqrt{6 \times \left(1 + \frac{1}{2^2} + \frac{1}{3^2} + \frac{1}{4^2} + \frac{1}{5^2} + \cdots\right)} = \sqrt{6 \sum_{i=1}^{\infty} \frac{1}{i^2}}$$

与莱布尼茨的公式相比，这个公式的收敛速度快得惊人。对于 $n = 10^8$ 的情况，用莱布尼兹级数计算，计算机需要花费超过两个半小时的时间；而欧拉级数提供了 $n = 10^8$ 的相应近似值，花费的计算机时间几乎为零秒！②

由欧拉的公式推出的 π 值的精确程度与用莱布尼茨的公式推出的 π 值大致相同。对于 $n = 10^8$ 的情况，由欧拉的公式得到 π ≈ **3. 141 592 6**44。

表 3.7 列出了一些部分和：

表 3.7

n	部分和	准确值	近似值
1	$\sqrt{6 \times \frac{1}{1^2}}$	$\sqrt{6}$	2. 449 489 74
2	$\sqrt{6 \times \left(1 + \frac{1}{2^2}\right)}$	$\frac{\sqrt{30}}{2}$	2. 738 612 787
3	$\sqrt{6 \times \left(1 + \frac{1}{2^2} + \frac{1}{3^2}\right)}$	$\frac{7\sqrt{6}}{6}$	2. 857 738 03
4	$\sqrt{6 \times \left(1 + \frac{1}{2^2} + \frac{1}{3^2} + \frac{1}{4^2}\right)}$	$\frac{\sqrt{1230}}{12}$	2. 922 612 986

---

① "收敛"在这个意义上是指以极限形式趋近一个特定的值。——原注

② 欧拉还求出了 4 次幂和 6 次幂的倒数和（顺便说一句，到目前为止还没有人能求出 3 次幂的倒数和！）。——原注

n	部分和	准确值	近似值
5	$\sqrt{6\times\left(1+\dfrac{1}{2^2}+\dfrac{1}{3^2}+\dfrac{1}{4^2}+\dfrac{1}{5^2}\right)}$	$\dfrac{\sqrt{32\,214}}{60}$	2. 963 387 701
10	$\sqrt{6\times\left(1+\dfrac{1}{2^2}+\dfrac{1}{3^2}+\cdots+\dfrac{1}{9^2}+\dfrac{1}{10^2}\right)}$	$\dfrac{\sqrt{59\,049\,870}}{2520}$	3. 049 361 635
100	$\sqrt{6\times\left(1+\dfrac{1}{2^2}+\dfrac{1}{3^2}+\cdots+\dfrac{1}{99^2}+\dfrac{1}{100^2}\right)}$	见后文	3. 132 076 531
1000	$\sqrt{6\times\left(1+\dfrac{1}{2^2}+\dfrac{1}{3^2}+\cdots\dfrac{1}{999^2}+\dfrac{1}{1000^2}\right)}$		3. 140 638 056
10 000	$\sqrt{6\times\left(1+\dfrac{1}{2^2}+\dfrac{1}{3^2}+\cdots\dfrac{1}{9999^2}+\dfrac{1}{10\,000^2}\right)}$		3. 141 497 163
100 000	$\sqrt{6\times\left(1+\dfrac{1}{2^2}+\dfrac{1}{3^2}+\cdots\dfrac{1}{99\,999^2}+\dfrac{1}{100\,000^2}\right)}$		3. 141 583 104
1 000 000	$\sqrt{6\times\left(1+\dfrac{1}{2^2}+\dfrac{1}{3^2}+\cdots+\dfrac{1}{(10^6)^2}\right)}$		3. 141 591 698
10 000 000	$\sqrt{6\times\left(1+\dfrac{1}{2^2}+\dfrac{1}{3^2}+\cdots+\dfrac{1}{(10^7)^2}\right)}$		3. 141 592 558
100 000 000	$\sqrt{6\times\left(1+\dfrac{1}{2^2}+\dfrac{1}{3^2}+\cdots+\dfrac{1}{(10^8)^2}\right)}$		3. 141 592 644
1 000 000 000	$\sqrt{6\times\left(1+\dfrac{1}{2^2}+\dfrac{1}{3^2}+\cdots+\dfrac{1}{(10^9)^2}\right)}$		3. 141 592 652

上表中当 n = 100 时（准确值）：

$$\sqrt{\dfrac{4768526082399113619336893785552661579107150495631129579668298504411454393271109703069720375229712477164533808935312303556800}{\,}}$$

为了便于比较，下面列出 π 的值：

$$\pi = 3.\,141\,592\,653\,589\,793\,238\,4\cdots$$

求 π 值的天才方法

杰出的印度数学家斯拉马努金也为求出 π 的值作出了贡献,但几乎没有留下任何记录表明他是如何得出这些结果的。拉马努金 1887 年出生于印度南部小镇埃罗德(Erode),他年轻时对数学着迷,忽视了其他所有科目。当时印度数学学会刚刚成立,它为拉马努金提供了一个展示其数学才能的场所。例如,1911 年,他根据自己早期的工作提出了一些问题,但没有人能解答这些问题。其中一个例子是计算

$$\sqrt{1+2\sqrt{1+3\sqrt{1+4\sqrt{1+\cdots}}}}$$

的值,这道题看起来非常简单,却没有人成功找到解答。人们在记录他所建立的那些定理的一本笔记本上发现了解答此题的技巧。在这里,他简单地应用了以下定理:如果你可以将一个数表示为 $(x+n+a)$ 的形式,那么我们就有以下公式:

$$x+n+a=\sqrt{ax+(n+a)^2+x\sqrt{a(x+n)+(n+a)^2+(x+n)\sqrt{\cdots}}}$$

因此,如果 $3=x+n+a$,其中比如说 $x=2$,$n=1$,$a=0$,那么上式的右边就是我们要求的值,因此此值等于 3。如果不知道拉马努金的这一定理,那几乎是不可能算出问题中的值的。

有了这一新的发现,他写信给英国三位顶尖数学家,霍布森(E. W. Hobson)、贝克(H. F. Baker)和哈代(G. H. Hardy)。[1] 在这三位剑桥大学教授中,只有哈代回复了拉马努金,并最终邀请他前往英国。哈代认为信中的这些陈述必定是正确的。因为倘若这些陈述是错的,没有人会有如

---

[1] 那封写给哈代的信标注的是"马德拉斯,1913 年 1 月 16 日",它引起哈代回应的兴趣,信中的内容如下:

尊敬的先生:

请允许我自我介绍,我是马德拉斯港口信托办公室会计部的一名职员,年薪仅为 20 英镑。我现在大约 23 岁。我没有受过大学教育,但我上过普通学校的课程。离开学校后,我一直在用业余时间学习数学。我没有学习过大学中的那些常规课程,但我正在为自己开辟一条新的道路。我对一般发散级数进行了专门的研究,我得到的结果被当地数学家称为是"惊人的"……(下转下页)

此疯狂的想象力将它们编造出来。

　　尽管这两个人有着文化上的冲突,但他们相处得很好,互相帮助。这使得拉马努金在印度以外也开始有声望了。要知道,尽管穿鞋和使用餐具对于这个印度人来说都是新事物,但他来自一个有着悠久的数学文化传统的国家。在 1202 年斐波那契的《计算之书》将我们现在使用的计数系统(包括零)引入欧洲之前,印度人使用这一系统已经有 1000 多年了。

　　与我们的内容相关的是,拉马努金在确定 π 值时得出了一些惊人的结果。他凭经验(这是他自己的话)用下列表达式得出了 π 的近似值:

$$\left(9^2+\frac{19^2}{22}\right)^{\frac{1}{4}}=\left(81+\frac{361}{22}\right)^{\frac{1}{4}}=\left(\frac{2143}{22}\right)^{\frac{1}{4}}$$

$$=(97.40\overset{..}{9})^{\frac{1}{4}}$$

$$= 3.141\ 592\ 652\ 582\ 646\ 125\ 206\ 037\ 179\ 644$$
$$022\ 371\ 557\cdots$$

　　他进一步表示,他用于计算的 π 值为

$$\frac{355}{113}\times\left(1-\frac{0.0003}{3533}\right)=3.141\ 592\ 653\ 589\ 794\ 3\cdots$$

他接下去说,上面这个值"比 π 大约小 10^{-15}",并且"只要用

$$\left[1-\left(\frac{113\pi}{355}\right)\right]$$ 的倒数 $= 11\ 776\ 666.618\ 542\ 474\ 374\ 465\ 280\ 355\ 43\cdots$

(上接上页)

　　我请求您仔细阅读随信附上的这些论文。我很穷,如果你确信其中有任何有价值的东西,我愿意发表我的定理。我没有做实际的研究,也没有去证明我得到的表达式,但我已经指出了思路。由于缺乏经验,我会非常重视您给我的任何建议。请原谅我给您带来的麻烦。

亲爱的先生,
您真诚的、真挚的,
S. 拉马努金

[转载于罗伯特·卡尼格尔(Robert Kanigel),《知无涯者》(*The Man Who Knew Infinity*, New York: Charles Scribner's Sons, 1991, pp. 159–160)。]——原注

即可得到。"①对于那些想要知道这里的原因的读者,可以在附录 B 中找到相关的证明。

拉马努金还给了我们其他一些怪异的 π 的近似值。即使到目前,我们仍然对他如何得出这些不同的结果感到大惑不解。尽管我们越来越能够理解他的推导,但我们仍然无法完全理解他那独特思维的复杂运作方式。以下是他对 π 值的一些发现。

在第 2 章中,我们已经提到过以下公式:

$$\frac{1}{\pi} = \frac{\sqrt{8}}{9801} \sum_{n=0}^{\infty} \frac{(4n)! \times (1103+26\,390n)}{(n!)^4 \times 396^{4n}}$$

另一个公式是

$$\frac{1}{\pi} = \sum_{n=0}^{\infty} (C_{2n}^n)^3 \times \frac{42n+5}{2^{12n+4}}$$

以下是拉马努金给出的 π 的一些近似值:

$\dfrac{355}{113} \approx 3.141\,592\,920$ 最初是由梅蒂乌斯(Adriaen Métius, 1571—1635)②发现的,后来拉马努金给出了这一项的几何构建。

$$\frac{9}{5} + \sqrt{\frac{9}{5}} \approx 3.141\,640\,786$$

$$\frac{19\sqrt{7}}{16} \approx 3.141\,829\,681$$

---

① Srinivasa Ramanujan, "Modular Equations and Approximations to 1t," *Quarterly Journal of Mathematics* 45 (1914): 350 - 72. 重印于 *S. Ramanujan: Collected Papers*, ed. G. H. Hardy, P. V. Seshuaigar, and B. M. Wilson (New York: Chelsea, 1962), pp. 22-39.——原注

② 他和他的父亲安东尼森(Adriaen Anthonison, 约 1600)取近似区间 $3\frac{15}{106} < \pi < 3\frac{17}{120}$, 将两个分子和两个分母分别相加(得到 $15+17=32$ 和 $106+120=226$),取平均值 (得到 16 和 113),得出 $\pi = 3\frac{16}{113} = 3.141\,592\,9$,这是一个非常接近的近似值。 (D. E. Smith, *History of Mathematics*, vol. 2. New York: Dover, 1958.)——原注

拉马努金还发现了下面的一些级数。不过,重要的一点是,要把这种级数计算到许多位数,就需要开发特定的算法。

$$\frac{1}{\pi} = \frac{2\sqrt{2}}{9801} \sum_{k=0}^{\infty} \frac{(4k)!}{(k!)^4 \times 4^{4k}} \times \frac{(1103+26\,390k)}{99^{4k}} \qquad [拉马努金]$$

$$\frac{1}{\pi} = 12 \sum_{k=0}^{\infty} (-1)^k \frac{(6k)!}{(3k)!(k!)^3} \times \frac{(13\,591\,409+545\,140\,134k)}{640\,320^{3k+3/2}}$$

[丘德诺夫斯基]

天才的拉马努金还发现了下面这些奇妙的公式,你可能想思考一下。

$$\frac{2}{\pi} = 1-5\left(\frac{1}{2}\right)^3 +9\left(\frac{1\times3}{2\times4}\right)^3 -13\left(\frac{1\times3\times5}{2\times4\times6}\right)^3 +\cdots$$

$$\frac{4}{\pi} = 1+\left(\frac{1}{2}\right)^2 +\left(\frac{1}{2\times4}\right)^2 +\left(\frac{1\times3}{2\times4\times6}\right)^2 +\left(\frac{1\times3\times5}{2\times4\times6\times8}\right)^2 +\cdots$$

[福塞斯(Forsyth)]

$$\frac{1}{\pi} = \frac{1}{72} \sum_{k=0}^{\infty} (-1)^k \frac{(4k)!}{(k!)^4 \times 4^{4k}} \times \frac{(23+260k)}{18^{2k}}$$

$$\frac{1}{\pi} = \frac{1}{3528} \sum_{k=0}^{\infty} (-1)^k \frac{(4k)!}{(k!)^4 \times 4^{4k}} \times \frac{(1123+21\,460k)}{882^{2k}}$$

$$\frac{1}{\pi} = 12 \sum_{k=0}^{\infty} (-1)^k \frac{(6k)!}{(3k)!(k!)^3} \times \frac{(A+Bk)}{C^{3k+3/2}} \qquad [博温(Borwein)]$$

在最后一个等式中,

$$A = 1\,657\,145\,277\,365+212\,175\,710\,912\,\sqrt{61}$$

$$B = 107\,578\,229\,802\,750 = 13\,773\,980\,892\,672\,\sqrt{61}$$

$$C = 5280\times(236\,674+30\,303)\,\sqrt{61}$$

在这个级数中,每增加一项都会增加大约 31 位数字。

我们已经看到了许多计算 π 值的方法。有些是初级的,而另一些则相当复杂。最引人注目的是那些似乎是从惊人的猜测演变而来的。现在的方法都涉及计算机,未来计算 π 值的精确程度将仅仅受到人类创造力和计算机运算能力的限制。

第4章　π的狂热爱好者

π的流行

由于多种多样的原因,π是如此吸引人,也是数学中最出名的数之一。首先,仅仅是了解它是什么(第 1 章)、它代表什么,以及如何使用它,就令数学家们对它产生了长久的兴趣。关于它在全球各地过去长达4000 年里的历史(第 2 章),不仅提供了乐趣和发现,也提供了一个持续的挑战。人们希望不断尝试得到更精确的 π 值,观察计算机能生成小数点后多少位的 π 值,以及它们的速度能有多快,这已成为对于当今计算机和计算机科学家的挑战,而不再是对数学家的挑战。而计算机科学家们仍在寻找更优雅(并且更高效)的算法来完成这些任务。现在我们已经进入了小数点后数万亿位的时代,谁知道我们会把计算机的能力提高到一个怎样的程度呢? 这似乎是对计算机的终极考验。

有一个独特的珍奇展示,将对 π 的热情展示出来,让所有人都能看到。1937 年,在如今的巴黎科学博物馆发现宫(Palais de la découverte)31号大厅(位于罗斯福大道上),π 的值被制作成天花板(圆顶)上的螺旋形大型木制数字。这是对这个著名的数一种有创造力的致敬,但其中出现了一个错误:他们使用了威廉·尚克斯在 1874 年得到的近似值,而这个近似值在小数点后第 528 位有错误。这个错误是在 1946 年被发现的,因此在 1949 年,人们对天花板上的数字进行了校正。

在许多网站上,π 爱好者们聚集在一起分享他们的最新发现。在美国,这些 π 爱好者将 3 月 14 日定为 π 日,因为这一天可写作 3-14。而到了那天的 1 点 59 分,他们欢呼雀跃(请记住 π = 3. 141 59…)!爱因斯坦出生于 1879 年 3 月 14 日,这真是太巧了:我们可以看到,3. 141 879 这个数是 π 的一个很好的近似值。这些 π 爱好者不断发现其他类似的巧合,也有越来越多的网站帮助他们庆祝 π 日。这里还有旧金山的探索博物馆(Exploratorium)宣布的 π 日庆祝活动——纪念这一天出生的那些最著名的人物(图 4. 1)!

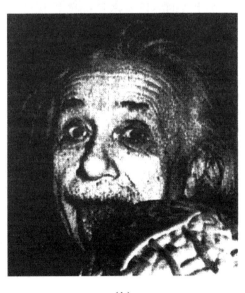

(a)　　　　　　　　　　　　　(b)

图 4.1

显然，人们可以用他们各自的方式庆祝 π 日。

向一位数学家提出以下问题："对于下面这个数列，接下来的数是什么?"

$$3,1,4,1,5,\cdots$$

他的答案很可能是：你在自然数的数列 3，4，5，…中穿插了 1。所以接下来的数会是

$$3,1,4,1,5,\mathbf{1,6,1,7,1,8,1,9},\cdots$$

然而，如果向一位 π 爱好者提出这个问题，那么答案肯定会是

$$3,1,4,1,5,\mathbf{9,2,6,5,3,5,8,9,7,9,3,2,3,8,4,6,2,6},\cdots$$

这当然就是 π 的值，这表明了 π 爱好者的思维定式。

几个世纪以来，π 的小数位数一直是一个令人着迷的话题。增加 π 的已知小数位数的努力有增无减。数学家和数学爱好者们已经生成了一个似乎包括着无穷无尽位数字的 π 的十进制形式，然后他们试图找到这个数中的各种模式和其他与此数有关的奇异之处。就像任何无休止地随机生成的一长串数字一样，你几乎可以在其中发现你希望发生的任何事情。在这里，我们展示其中一些有趣的和古怪的例子。

π的助记口诀

使用 π 的这一长串十进制数字,最简单的乐趣之一是展示你可以记住 π 值的多少位小数。有些人轻易地记住了小数点后的 10 位、20 位、30 位或更多位,就喜欢炫耀一番。还有些人可能没有这么强的记忆力,他们会试图创造一些助记方法,使他们能够更容易地记住这一长串数字。为了给你带来一些乐趣,我们将为你提供 π 在多种语言中的助记方法,但就我个人的经验而言,直接背下这些数字,你会记得尤其牢固。在不借助任何助记方法的情况下记住前 25 位数字,你就永远不会忘记它们。

大多数用于记忆 π 值的助记方法都需要找到一些有意义的句子,其中每个单词的字母数确定了数字。

虽然到目前为止,你们已经多次看到过 π 的值了,但为了方便起见,这里还是列出小数点后 55 位的 π 值:

3. 141 592 653 589 793 238 462 643 383 279 502 884 197 169 399 375 105 820 9…

包括加德纳(Martin Gardner)和伊夫斯(Howard Eves)在内的许多数学家使用的句子是"我可以要一大杯咖啡吗?"(May I have a large container of coffee?)这句话给出的值为 3. 141 592 6,其中"May"有三个字母,表示数字 3,一个字母"I"表示数字 1,单词"have"有四个字母,表示数字 4,以此类推。有一个助记口诀可以告诉我们 π 值的前 9 位数字(3. 141 592 65),这句话是"但我必须花一段时间努力计算正确"(But I must a while endeavour① to reckon right)。我们可以从琼斯(James Jeans)、加德纳、伊夫斯等人说过的一句话"我多么想喝一杯,当然是含酒精的,在那些关于量子力学的沉重讲座之后"(How I want a drink, alcoholic of course, after the heavy lectures involving quantum mechanics)得到 π 值的前 15 位数字(3. 141 592 653 589 79)。一位聪明的数学家博顿利(S. Bottomley)扩展了这句话,又加上了"而如果这些讲座很无聊或很累,那么任何奇怪的想

---

① 英式拼写,美式拼写是 endeavor,两者字母数不同。——原注

法都仍然是关于四次方程的"(and if the lectures were boring or tiring, then any odd thinking was on quartic equations again),这样就给出了另外 17 位数字,从而得到了 π 值的前 32 位数字(3. 141 592 653 589 793 238 462 643 383 279 5)。

许多国家的人(当然也就是说各种语言的人)都创作了类似的诗歌、笑话,甚至戏剧,其中使用的单词都是基于 π 的各位数字。① 例如,"看,我有一句韵文在帮助我虚弱的大脑,它有时也会抗拒任务"(See, I have a rhyme assisting my feeble brain, its tasks sometime resisting)。

我们在这里提供了一小部分这样的助记口诀,除了绍纳语(ChiShona)和恩德贝莱语(Sindebele)的口诀之外,其他口诀都来自哈齐波拉基斯(Antreas P. Hatzipolakis)的网站。

阿尔巴尼亚语:

Kur e shoh e mesoj sigurisht.

当我看到它时,我肯定会记住它。[内西米(Robert Nesimi)]

保加利亚语:

Kake leko i bqrzo iz(ch)islimo pi, kogato znae(sh) kak.

如果你知道如何检查圆周率,那是多么容易和快速。(注意:在保加利亚语中"ch"和"sh"是单个字母。)

绍纳语(津巴布韦的官方语言):

lye 'P' naye 'I' ndivo vadikanwi. 'Pi' achava mwana.

P 和 I 是情人。Pi 会是个聪明的孩子。[穆古奇(Martin Mugochi),津巴布韦大学数学讲师]

---

① 中国的顺口溜是基于文字和数字的谐音:"山巅一寺一壶酒(3. 14159),尔乐苦煞吾(26535),把酒吃(897),酒杀尔(932),杀不死(384),遛尔遛死(6264),扇扇刮(338),扇耳吃酒(3279)。"——译注

荷兰语：

Eva，o lief，o zoete hartedief uw blauwe oogen zyn wreed bedrogen.

伊芙，哦，亲爱的，哦，可爱的，你的蓝眼睛被残酷地欺骗了。（这首歌传唱的时间是 20 世纪 60 年代，但想出这首歌的人已经寂寂无名了。）

英语：

How I wish I could enumerate pi easily，since all these horrible mnemonics prevent recalling any of pi's sequence more simply.

我多么希望我能简单地列举出圆周率，因为所有这些可怕的助记方法都使我无法更简单地回忆圆周率的任何序列。

How I want a drink，alcoholic of course，after the heavy chapters involving quantum mechanics. One is，yes，adequate even enough to induce some fun and pleasure for an instant，miserably brief.

我多么想喝一杯，当然是含酒精的，在那些关于量子力学的沉重讲座之后。是的，一杯就足以带来一些乐趣和愉悦。虽然只是一个短暂可怜的瞬间。

法语：

Que j'aime à faire apprendre

Un nombre utile aux sages！

Glorieux Archimède，artiste ingénieux，

Toi，de qui Syracuse loue encore le mérite！

我真的很喜欢教

一个对智者有用的数！

杰出的阿基米德，天才的艺术家，

叙拉古仍然推崇你的功绩！

Que j'aime à faire apprendre un nombre utile aux sages！

Immortel Archimède，artiste ingénieux

Qui de ton jugement peut priser la valeur？

Pour moi ton problème eut de pareils avantages.

我真的很喜欢教一个对智者有用的数！

不朽的阿基米德,天才的艺术家,

谁能挑战你的判断?

对我来说,你的问题也有同样的优点。［1879 年发表于 *Nouvelle Correspondence Mathematique*（Brussels）5，no. 5，p. 449。］

德语：

Wie o! dies π

macht emstlich so vielen viele Müh!

Lernt immerhin, Jünglinge, leichte Verselein,

Wie so zum Beispiel dies dürfte zu merken sein!

哦,这个圆周率

怎么会给这么多人带来这么多麻烦!

毕竟,小伙子们,要学会简单的诗句,

例如,这首诗就应该记住!

Dir, o Held, o alter Philosoph, du Riesen-Genie!

Wie viele Tausende bewundern Geister,

Himmlisch wie du und göttlich!

Noch reiner in Aeonen

Wird das uns strahlen

Wie im lichten Morgenrot!

你,哦,英雄,哦,老哲学家,你是伟大的天才!

有成千上万的人崇拜

像你一样神圣,像你一样虔诚的灵魂,

在永恒中更加纯洁,

像黎明的曙光

降临在我们身上。

希腊语：

Αει ο Θεοζ ο Μεγαζ γεωμετρει

Το κυκλου μηκοζ ινα οριση διαμετρω

Παρηγαγεν αριθμον απεραντου

και ον φευ ουδεποτε ολου

θυητοι θα ευρωσι

伟大的上帝为了确定圆的周长与直径之比，

总是研究几何，

他创造了一个无限的数，

而这个数永远不会被凡人完全确定。

意大利语：

Che n'ebbe d'utileArchimede da ustori vetri sua somma scoperta?

阿基米德发现燃烧的镜子有什么好处？［费兰特（Isidoro Ferrante）］

波兰语：

Kto v mgle i slote

vagarovac ma ochote,

chyba ten ktory

ogniscie zakochany,

odziany vytwornie,

gna do nog bogdanki

pasc kornie.

谁喜欢在雨雾蒙蒙的日子逃课，也许是那个疯狂热恋着的人，他衣着光鲜，奔向他心爱的人，对她低眉俯首。

葡萄牙语：

Sou o medo e temor constante do menino vadio.

我是懒惰男孩们永远的担忧和恐惧。

罗马尼亚语：

Asa e bine a scrie renumitul si utilul numar.

这就是写出这个著名而有用的数的方法。

恩德贝莱语（津巴布韦的另一种官方语言）：

Nxa u fika e khaya uzojabula na y'nkosi ujesu qobo.

当你到了天堂,你会和主耶稣一同喜乐。[注意:同样,这里表示的最后一位数字是由于四舍五入,它应该是 3。西班达（Precious Sibanda）博士,津巴布韦大学数学讲师]

西班牙语：

Sol y Luna y Cielo proclaman al Divino Autor del Cosmo.

太阳、月亮和天空宣告了宇宙的神圣创造者。

Soy π lema y razón ingeniosa

De hombre sabio que serie preciosa

Valorando enunció magistral

Con mi ley singular bien medido

El grande orbe por fin reducido

Fue al sistema ordinario cabal.

我是圆周率的格言和智者的理智,

这个美丽的序列

用我的一条测量得很好的定律权威地阐述了它的值,

大世界最终限制了它

不让它走向普通的完美系统。

[哥伦比亚诗人帕里斯（R. Nieto Paris）,根据 V. E. Caro, *Los Numeros* (Bogota：Editorial Minerva, 1937), p. 159]

瑞典语：

Ack, o fasa, π numer fœrringas

ty skolan låter var adept itvingas

räknelära medelst räknedosa

och sa ges tilltron till tabell en dyster kosa.

Nej, låt istället dem nu tokpoem bibringas!

哦，不，圆周率现在被贬低了，

因为学校让每个学生都借助计算器学习算术，

因此这些表格有一个悲惨的未来。

不，我们还是读些傻诗吧！［维克斯特罗姆（Frank Wikström）］

对于那些希望自己编写 π 的助记口诀的人，我们（为了方便）在此提供足以让大多数人满意的 π 值位数。请记住，一个人能记住的单词数量是有限的，即使它们会产生有趣的内容。你可能有兴趣知道，记忆 π 位数最多的世界纪录保持者是后藤裕之（Hiroyuki Goto），他花了 9 个多小时背诵了 π 的超过 4.2 万位数。①

π＝3. 14159265358979323846264338327950288419716939937510
　　　58209749445923078164062862089986280348253421170679 82
　　　14808651328230664709384460955058223172535940812848 11
　　　17450284102701938521105559644622948954930381964428 81
　　　09755659334461284756482337867831652712019091456485 66
　　　92346034861045432664821339360726024914127372458700 66
　　　06315588174881520920962829254091715364367892590360 01
　　　13305305488204665213841469519415116094330572703657 59
　　　59195309218611738193261179310511854807446237996274 95
　　　67351885575272489122793818301194912983367336244065 664
　　　30860213949463952247371907021798609437027705392171 76
　　　29317675238467481846766940513200056812714526356082 77

---

① "Japanese Student Recites Pi to 42, 194 Decimal Places," *Seattle Times*, February 26, 1995. ——原注

85771342757789609173637178721468440901224953430146549585371050792279689258923542019956112129021960864034418159813629774771309960518707211349999998372978049951059731732816096318595024459455346908302642522308253344685035261931188171010003137838752886587533208381420617176691473035982534904287554687311595628638823537875937519577818577805321712268066130019278766111959092164201989

π的各位数字更让人着迷的地方

还有一些人关注 π 的小数展开形式中各个数字的出现频率。也就是说,在 π 的许多小数位数中,这些数字出现的频率相等吗？为了确定这一点,我们需要查看频率分布,也就是需要列一个表来总结每个数字在特定区间内出现的频率。对于 π 的前一百位小数,这些数字的出现频率是否相等？如果不相等,那么这些频率是否几乎相等？期望在前一百个数字内的频率相等是有点不切实际的。当我们检查这些数字时,就会发现真实的分布与完全相等的频率相差有多远。有一些统计测试可以确定它们偏离相等的那一点点是否出于偶然。如果这种差异是由于偶然性造成的,那么我们说这种分布在统计上与等分布显著相同。你会发现,这正是 π 值的各位小数的数字分布情况。下面是 π−3 的前 10^n 位小数的数字分布,也就是说,我们只关注 π 的小数部分。它与均匀分布没有统计学上的显著偏离。金田康正博士提供了前 1.24 万亿位小数(这是到 2002 年底发现的 π 值的世界纪录)的分布情况。

金田博士还提供了另一个更详细的分布。你可以在表 4.1 中看到,随着所考虑的数字数量的增加,所有数字的频率越来越接近于相等。在前 100 位中,9 出现的次数(14 次)比 0、1、5、7 出现的次数要多得多。在前 200 位中,7 出现的次数不及 8 出现的次数的一半。情况就是这样,而直到我们考虑更多小数位数,所有数字的频率才会越来越接近于相等。

金田博士用他破纪录的 π 值还为我们提供了一些乐趣。例如,他在这 1.24 万亿位中的某些位置处发现了数字的重复,准确地说是 1 个数字的重复 12 次。以下是这些重复数字的列表以及它们的起始小数位数:

777777777777:从 π 的第 368 299 898 266 位小数开始

999999999999:从 π 的第 897 831 316 556 位小数开始

111111111111:从 π 的第 1 041 032 609 981 位小数开始

888888888888:从 π 的第 1 141 385 905 180 位小数开始

666666666666:从 π 的第 1 221 587 715 177 位小数开始

表 4.1 各个数字在 π−3 的前 10^n 位中的出现次数

数字	1到10^2	1到10^3	1到10^4	1到10^5	1到10^6	1到10^7	1到10^8	1到10^9	1到10^{10}	1到10^{11}	1到10^{12}
0	8	93	968	9999	99 959	999 440	9 999 922	99 993 942	999 967 995	10 000 104 750	99 999 485 134
1	8	116	1026	10 137	99 758	999 333	10 002 475	99 997 334	1 000 037 790	9 999 937 631	99 999 945 664
2	12	103	1021	9908	100 026	1 000 306	10 001 092	100 002 410	1 000 017 271	10 000 026 432	100 000 480 057
3	11	102	974	10 025	100 229	999 964	9 998 442	99 986 911	999 976 483	9 999 912 396	99 999 787 805
4	10	93	1012	9971	100 230	1 001 093	10 003 863	100 011 958	999 937 688	10 000 032 702	100 000 357 857
5	8	97	1046	10 026	100 359	1 000 466	9 993 478	99 998 885	1 000 007 928	9 999 963 661	99 999 671 008
6	9	94	1021	10 029	99 548	999 337	9 999 417	100 010 387	999 985 731	9 999 824 088	99 999 807 503
7	8	95	970	10 025	99 800	1 000 207	9 999 610	99 996 061	1 000 041 330	10 000 084 530	99 999 818 723
8	12	101	948	9978	99 985	999 814	10 002 180	100 001 839	999 991 772	10 000 157 175	100 000 791 469
9	14	106	1014	9902	100 106	1 000 040	9 999 521	100 000 273	1 000 036 012	9 999 956 635	99 999 854 780

表 4.2　π 的前 1200000000000 位中的数字频率分布

考虑的位数	0	1	2	3	4	5	6	7	8	9	卡方
100	8	8	12	11	10	8	9	8	12	14	4.20
200	19	20	24	19	22	20	16	12	25	23	6.80
500	45	59	54	50	53	50	48	36	53	52	6.88
800	74	92	83	79	80	71	77	75	76	91	5.13
1000	93	116	103	102	93	97	94	95	101	106	4.74
2000	182	212	207	188	195	205	200	197	202	212	4.34
5000	466	532	496	459	508	525	513	488	492	521	10.77
8000	754	833	811	781	809	834	816	786	764	812	8.52
10000	968	1026	1021	974	1012	1046	1021	970	948	1014	9.32
20000	1954	1997	1986	1986	2043	2082	2017	1953	1962	2020	7.72
50000	5033	5055	4867	4947	5011	5052	5018	4977	5030	5010	5.86
80000	7972	8141	7920	7975	7957	8044	8026	8031	7953	7981	4.46
100000	9999	10137	9908	10025	9971	10026	10029	10025	9978	9902	4.09
200000	20104	20063	19892	20010	19874	20199	19898	20163	19956	19841	7.31
500000	49915	49984	49753	50000	50357	50235	49824	50230	49911	49791	7.73
800000	79949	79851	79872	79962	80447	80298	79650	79884	80167	79920	6.27
1000000	99959	99758	100026	100229	100230	100359	99548	99800	99985	100106	5.51
2000000	199792	199535	200077	200141	200083	200521	199403	200310	199447	200691	9.00
5000000	499620	499898	499508	499933	500544	500025	498758	500880	499880	500954	7.88
8000000	799111	800110	799788	800234	800202	800154	798885	800560	800638	800318	3.79
10000000	999440	999333	1000306	999964	1001093	1000466	999117	1000207	999814	1000040	2.78
20000000	2001162	1999832	2001409	1999343	2001106	2000125	1999269	1998404	1999720	1999630	4.17
50000000	4999632	5002220	5000573	4998630	5004009	4999797	4998017	4998895	4998494	4999733	6.17
80000000	7998807	8002788	8001828	7997656	8003525	7996500	7998165	7999389	8000308	8001034	5.95
100000000	9999922	10002475	10001092	9998442	10003863	9993478	9999417	9999610	10002180	9999521	7.27

（续表）

考虑的位数	0	1	2	3	4	5	6	7	8	9	卡方
200000000	19997437	20003774	20002185	20001410	19999846	19993031	19999161	20000287	20002307	20000562	4.13
500000000	49995279	50000437	50011436	49992409	50005121	49990678	49998820	50000320	50006632	49998868	7.42
800000000	79991897	79997003	80003316	79989651	80016073	79996120	80004148	79995109	80002933	80003750	6.62
1000000000	99993942	99997334	100002410	99986911	100011958	99998885	100010387	99996061	100001839	100000273	4.92
2000000000	199994317	199995284	199992575	199999470	200014368	199989852	200004785	199979293	200017844	200012212	6.69
5000000000	499989001	500034127	499984949	499990321	499978284	499995352	500019818	500001703	499990522	500015923	5.68
8000000000	799959840	800031172	800016834	799985886	799942991	799995302	800003383	800012745	800011229	800040618	10.36
10000000000	999967995	1000037790	1000017271	999976483	999937688	1000007928	999985731	1000041330	999991772	1000036012	10.53
20000000000	2000013287	2000003626	2000015776	1999918306	1999950273	2000036170	1999981153	2000034984	2000012969	2000033456	6.88
50000000000	5000012647	4999986263	5000020237	4999914405	5000023598	4999991499	4999928368	5000014860	5000117637	4999990486	5.60
80000000000	8000055632	8000032878	7999999508	7999896897	8000100154	7999993060	7999829394	8000053309	8000156857	7999942311	11.15
100000000000	10000104750	9999937631	10000026432	9999912396	10000032702	9999963661	9999824088	10000084530	10000157175	9999956635	9.03
200000000000	20000030841	19999914711	20000136978	20000069393	19999921691	19999917053	19999881515	19999967594	20000291044	19999869180	8.09
300000000000	29999944911	29999947649	30000124949	30000089054	30000105099	29999898037	29999948243	29999881566	30000345894	29999714598	8.95
400000000000	40000041210	40000021194	40000141945	39999967231	40000267249	39999834336	39999851268	39999950687	40000234425	39999690455	7.44
500000000000	50000008881	50000128157	50000180765	49999950781	50000068369	49999900532	49999864492	49999913528	50000276183	49999708312	5.07
600000000000	59999788154	60000115765	60000334158	59999987729	60000131060	59999819211	59999887855	59999770829	60000439514	59999725725	9.22
700000000000	69999716184	69999936549	70000439726	69999869412	70000162513	69999988676	69999906919	69999845892	70000574684	69999659445	11.61
800000000000	79999604459	79999983991	80000456638	79999778661	80000238690	79999773551	79999915320	79999775965	80000650170	79999802555	12.98
900000000000	89999579157	89999720854	90000493163	89999778899	90000373135	89999836010	89999907911	89999675065	90000761281	89999874525	15.81
100000000000	99999485134	99999945664	100000480057	99999787805	100000357857	99999671008	99999807503	99999818723	100000791469	99999854780	14.97
1100000000000	109999544071	110000043750	110000572796	109999711592	110000227954	109999688741	109999855465	109999684514	110000827406	109999843711	14.54
1200000000000	119999636735	120000035569	120000620567	119999716885	120000114112	119999710206	119999941333	119999740505	120000830484	119999653604	13.13

我们还在前 1.24 万亿位中的不同位置处找到了正整数数列(数列两端都是零)。以下是它们的起始位置：

01234567890：从 π 的第 53 217 681 704 位小数开始

01234567890：从 π 的第 148 425 641 592 位小数开始

01234567890：从 π 的第 461 766 198 041 位小数开始

01234567890：从 π 的第 542 229 022 495 位小数开始

01234567890：从 π 的第 674 836 914 243 位小数开始

01234567890：从 π 的第 731 903 047 549 位小数开始

01234567890：从 π 的第 751 931 754 993 位小数开始

01234567890：从 π 的第 884 326 441 338 位小数开始

01234567890：从 π 的第 1 073 216 766 668 位小数开始

它们也会以相反的顺序出现：

09876543210：从 π 的第 42 321 758 803 位小数开始

09876543210：从 π 的第 57 402 068 394 位小数开始

09876543210：从 π 的第 83 358 197 954 位小数开始

09876543210：从 π 的第 264 556 921 332 位小数开始

09876543210：从 π 的第 437 898 859 384 位小数开始

09876543210：从 π 的第 454 479 252 941 位小数开始

09876543210：从 π 的第 614 717 584 937 位小数开始

09876543210：从 π 的第 704 023 668 380 位小数开始

09876543210：从 π 的第 718 507 192 392 位小数开始

09876543210：从 π 的第 790 092 685 538 位小数开始

09876543210：从 π 的第 818 935 607 491 位小数开始

09876543210：从 π 的第 907 466 125 920 位小数开始

09876543210：从 π 的第 963 868 617 364 位小数开始

09876543210：从 π 的第 965 172 356 422 位小数开始

09876543210：从 π 的第 1 097 578 063 492 位小数开始

这些只是 π 的十进制值的几个"有趣"的方面。事实上,由于 π 的十进制展开会无限延续下去(尽管我们现在只有 1.24 万亿位),我们能够在这一数字序列中找到任何数字组合。例如,美国的建国日(1776 年 7 月 4 日),即 741776,它从 π 的第 21 134 位小数处开始出现。本书的两位作者的生日能在 π 的前 1 亿位小数中找到,他们各自的生日如下:

1942 年 10 月 18 日,写成 10181942,从 π 的第 1223 位小数开始。

1946 年 12 月 4 日,写成 12041946,从 π 的第 21 853 937 位小数开始。

你可以尝试一下找到其他数字串作为消遣。最简单的方法是在互联网上搜索一个为你提供这方面信息的网站。有很多这样的网站可用。你所需要做的只是键入你想要找的数字串,搜索引擎会在几秒钟内找到这些数字的位置。

如果你取第一个数字串 314159,查看它下一次会在何处出现,搜索引擎可能会告诉你它会在第 176 451 位再次出现,然后在 π 的前 1000 万位中再出现 7 次。接下来你就可以消遣了:在任何一个这样的搜索引擎上搜索你想知道的个人数字串。你可以从你的出生日期开始。记住,如果你尽量减少出生日期中的数字个数,就会有更大的机会在 π 的已知数字中找到它。例如,在搜索 1944 年 4 月 18 日时,找到 41844 比找到 04181944 的机会大些。一些读者可能也会幸运地找到较长的数字串。

一个视错觉

π爱好者也专注于纯粹的几何舞台。如果没有π,他们将无法辨别以下视错觉:在图4.2的两幅图中内部的那两个圆的大小是相同的。

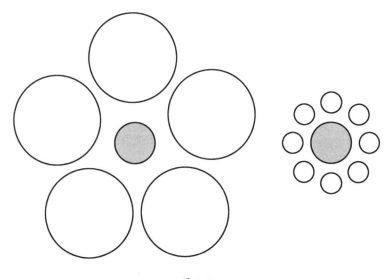

图4.2

要与π爱好者告别了,为此我们来唱一首π之歌!这首歌的原曲是麦克莱恩(Don Mclean)的《美国派》(*American Pie*),后经阿姆斯特朗大西洋州立大学(Armstrong Atlantic State University)的莱瑟[Lawrence (Larry) M. Lesser]改编。这首歌为π这个数增添了历史亮点。

"美国π",莱瑟

CHORUS:Find, find the value of pi, starts 3 point 14159.	合唱:找到,找到圆周率的值,从3点14159开始。
Good ol' boys gave it a try, but the decimal never dies,	好孩子们试了一下,但小数永远不会结束,
The decimal never dies …	小数永远不会结束……
In the Hebrew Bible we do see	在希伯来圣经中我们确实看到
the circle ratio appears as three.	圆的比值显示为3。

And the Rhind Papyrus does report four-thirds

to the fourth,

& 22 sevenths Archimedes found

with polygons was a good upper bound.

The Chinese got it really keen:

three-five-five over one thirteen!

More joined the action

with arctan series and continued fractions.

In the seventeen-hundreds, my oh my,

the English coined the symbol π.

Then Lambert showed it was a lie

to look for rational π.

He started singing ... （Repeat Chorus）

Late eighteen-hundreds, Lindemann shared

why a circle can't be squared.

But there's no tellin' some people—

can't pop their bubble with Buffon's needle,

Like the country doctor who sought renown

from a new "truth" he thought he found.

The Indiana Senate floor

read his bill that made π four.

That bill got through the House

with a vote unanimous!

But in the end the statesmen sighed,

"It's not for us to decide."

So the bill was left to die

like the quest for rational π.

They started singing ... （Repeat Chorus）

That doctor's π in the sky dreams

may not look so extreme

而莱因德纸草书确实记载了三分之

四的四次幂，

还有阿基米德发现的七分之二十二

多边形是一个很好的上限。

中国人对此非常热衷：

355 比 113！

更多人加入了行动

用反正切级数和连分数。

在 17 世纪，我的天哪，

英国人创造了符号 π。

然后朗伯证明了

寻找有理数 π 是个谎言。

他开始歌唱……（重复合唱）

18 世纪末，林德曼分享了

不能化圆为方的原因。

但这并不能告诉一些人——

不能用蒲丰的针戳破他们的泡泡，

就像那个追求名声的乡村医生

他认为自己发现了一条新的"真理"。

印第安纳州参议院

阅读他的法案，使 π 等于 4。

该法案在众议院获得通过

全票通过！

但最后，政治家们叹息道：

"这不是我们能决定的。"

因此，该法案被搁置

就像对有理数 π 的追求。

他们开始歌唱……（重复合唱）

那个医生的 π 白日梦

可能看起来并没有那么极端

If you take a look back: math'maticians long thought that

Deductive systems could be complete

and there was one true geometry.

Now in these computer times,

we test the best machines to find

π to a trillion places

that so far lack pattern's traces.

It's great when we can truly see

math as human history—

That adds curiosity ... easy as π!

Let's all try singing ... (Repeat Chorus)

如果你回顾一下：数学家们长期以来认为

演绎系统可以是完整的

并且存在一种真正的几何。

在这个计算机时代，

我们测试最好的机器

求出 π 的 1 万亿位，

到目前为止还没有出现模式的痕迹。

当我们能够真正看到数学作为人类历史的时候感觉很棒——

这增加了奇趣……像 π 一样简单！

让我们都试着歌唱吧……(重复合唱)

第 5 章 π 奇趣

    π 这个数有一种倾向,它会出现在你最意想不到的地方,就像蒲丰投针这个例子,投掷的针落在一张划线纸上的概率,使我们得出了一个非常接近 π 的近似值。

π 的数字奇趣

围绕 π 的值，有一些相当令人惊讶的奇趣现象。是巧合还是神秘，我们会让你来判断。例如，一个圆有 360 度，而这个事实以一种特殊的方式与 π 联系在一起。看看 π 的第 360 位（小数点之前的 3 也计算在内）：

3.14159265358979323846264338327950288419716939937510582097494459230781640628620899862803482534211706798214808651328230664709384460955058223172535940812848111745028410270193852110555964462294895493038196442881097566593344612847564823378678316527120190914564856692346034861045432664821339360726024914127372458700660631558817488152092096282925409171536436789259**0360**

数字 3 在第 359 位，数字 **6** 在第 360 位，数字 **0** 在第 361 位。这会使 360 以第 360 位为中心。

再次考虑 π 的下面两个值，它们是 π 的两个比较准确的分数近似值

$$\frac{22}{7} = 3.\dot{1}4285\dot{7}$$

和 $$\frac{355}{113} \approx 3.141\,592\,920\,353\,982\,300\,884\,955\,722\,124$$

我们可以看到，当我们在 π 的十进制值中找到第 7、22、113 和 355 位时，这些位置上都是一个"2"。这是巧合，还是有某种神秘的含义？

3.14159**2**65358979323846**2**64338327950288419716939937510582097494459230781640628620899862803482534211706798214808651**32**82306647093844609550582231725359408128481117450284102701938521105559644622948954930381964428810975665933446128475648233786783165271201909145648566923460348610454326648213393607260249141273724587006606315588174881520920962829254091715364367892**2**590**0360**

到了 π 的下一个近似值

$$\frac{52\,163}{16\,604} \approx 3.141\,592\,387\,376\,535\,774\,512\,165\,743\,194\,4$$

这种模式就瓦解了，因为尽管第 52 163 位是"2"，但第 16 604 位是

"1"，虽然它的前面一位和后面一位都是"2"。总之，这就使我们不能得出一条对于 π 的各位数字都成立的规则。

概率论对 π 的使用

令人好奇的是, π 与概率有关。例如,从一组正整数中随机选择一个数,它没有重复素因子①的概率是 $\frac{6}{\pi^2}$。这个值还表示两个随机选择的自然数会互素②的概率。这是非常惊人的,因为 π 是在几何背景下推导出来的。

第
5
章
π
奇
趣

---

① 这意味着在它的素因数集合中,任何素数都不会出现一次以上。——原注
② 当两个数除了 1 之外没有公因数时,它们就是互素的。——原注

用 π 测量河流长度

当我们观察河流的路径时,π 又一次这样奇迹般地出现了。剑桥大学的地质学家斯托罗姆(Hans-Henrik Stølum)计算了一条河流总长度的两倍与该河流源头和末端之间的直线距离之间的比例。[①] 他意识到不同河流的比例可能不同,发现平均值略大于 3,它可能是 3.14 左右,而这就是我们认为的 π 的近似值。

河流有来回蜿蜒的趋势。这种所谓的河流蜿蜒特别有趣。"蜿蜒"一词的英文 meandering 来自迈安德(Maeander)河,这条河现在被称为大门德雷斯(Büyük Menderes)河,它在土耳其西部,从古米利特流入爱琴海。这条河特别蜿蜒曲折。

爱因斯坦率先指出河流有弯曲的趋势,更确切地说,轻微的弯曲会导致外侧河岸的水流更快,于是河流会开始侵蚀并形成弯曲的路径。弯曲得越厉害,水流向外的力就越强,因此就越快造成侵蚀。

蜿蜒的河道变得越来越接近圆弧,河流转了一圈又回来了。然后,它又笔直地向前流去,这条蜿蜒的河道变成了一条荒凉的支流。在这两个相反的过程之间形成了一种平衡。

让我们来观察一条假想的河流(图 5.1),在其曲线上叠加一些半圆弧(图 5.2)。于是我们就得到了这些半圆弧的一个总和(图 5.3)。下面我们会将这一总和与一条直径为河流不绕道而流经的全长(即直线距离)的单个半圆弧相比较。

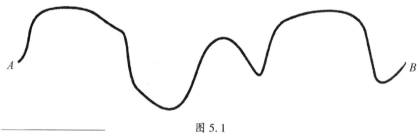

图 5.1

① H.-H. Stølum, "River Meandering as a Self-Organizing Process," *Science* 271 (1996): 1710–1713——原注

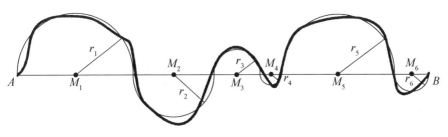

图 5.2

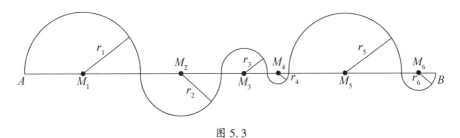

图 5.3

l = 从源头 A 到河口 B 的河流长度

AB = 源头 A 和河口 B 之间的(直线)距离

M_i = 半径为 r_i 的半圆①的圆心

a = 河流长度的近似值(半圆弧长度之和):

$$a = \pi r_1 + \pi r_2 + \pi r_3 + \pi r_4 + \pi r_5 + \pi r_6 = \pi(r_1 + r_2 + r_3 + r_4 + r_5 + r_6)$$

$$2a = 2\pi(r_1 + r_2 + r_3 + r_4 + r_5 + r_6) = \pi \cdot AB，这意味着$$

$$\frac{\pi}{2} = \frac{a}{AB} \approx \frac{l}{AB} \quad 即 \quad \pi = \frac{2a}{AB} \approx \frac{2l}{AB}$$

海拔逐渐下降的河流,正如在巴西或西伯利亚苔原上能找到的那些河流,提供了 π 的最佳近似值。我们现在从 π 的一个特殊应用开始,来关注能表达 π 的近似值的一些不同寻常的方式。

---

① 这意味着圆心为 M_i 的半圆,其半径长度为 r_i。——原注

π 的意外出现

π 值会出现在一些极为奇怪的地方。在某些情况下,它"几乎出现了"。几个世纪以来,数学家们在寻求确定 π 值的过程中,"收集"了 π 的这些近似值。我们会列出少量非常接近 π 的近似值,例如,$\sqrt{10} \approx 3.162\ 278$ 惊人地接近 π。我们可以继续列出更多这些出奇接近 π 的近似值。在一些情况下,例如 $\sqrt[3]{31} \approx 3.141\ 380\ 652\ 391$,它们可能是偶然得出的,并立即得到了数学界的认可(然后当然得到了珍视)。在另一些情况下的发现可以被认为接近于巧妙——或者只是运气?你决定吧。

以下是 π 的另一些"估计值"。在检查了下面的这个列表之后,也许你可以想出另一个这样的近似值。

$$\sqrt{2} + \sqrt{3} \approx 3.146\ 264\ 369\ 94$$

$$\frac{333}{106} = 3.14\dot{1}\ 509433962264\dot{}$$

$$1.1 \times 1.2 \times 1.4 \times 1.7 = 3.1416$$

$$1.099\ 999\ 01 \times 1.199\ 999\ 11 \times 1.399\ 999\ 31 \times 1.699\ 999\ 61 \approx 3.141\ 592\ 573$$

$$\frac{355}{113} \times \left(1 - \frac{0.0003}{3533}\right) \approx 3.141\ 592\ 653\ 589\ 794\ 3$$

$$\frac{47^3 + 20^3}{30^3} - 1 \approx 3.141\ 592\ 593\ ^*$$

$$\left(97 + \frac{9}{22}\right)^{\frac{1}{4}} \approx 3.141\ 592\ 65 2\ 582\ 646\ 125\ 206\ 037\ 179\ 644$$

$$\left(\frac{77\ 729}{254}\right)^{\frac{1}{5}} \approx 3.141\ 592\ 654\ 1$$

$$\left(31 + \frac{62^2 + 14}{28^4}\right)^{\frac{1}{3}} \approx 3.141\ 592\ 653\ 63\ ^*$$

$$\frac{1700^3 + 82^3 - 10^3 - 9^3 - 6^3 - 3^3}{69^3} \approx 3.141\ 592\ 653\ 588\ 1\ ^*$$

---

* 带星号的四个等式摘自 Dario Castellanos, "The Ubiquitous π," *Mathematics Magazine* 61, no.2 (April 1988)。——原注

$$\left(100-\frac{2125^3+214^3+30^3+37^2}{82^5}\right)^{\frac{1}{4}} \approx \mathbf{3.141\ 592\ 653\ 589\ 7}80^*$$

$$\frac{9}{5}+\sqrt{\frac{9}{5}} \approx \mathbf{3.141\ 6}40\ 786\ 499\ 873\ 8$$

$$\frac{19\sqrt{7}}{16} \approx \mathbf{3.141\ 8}29\ 681\ 889\ 2$$

$$\left(\frac{296}{167}\right)^2 \approx \mathbf{3.141\ 59}7\ 045\ 43$$

$$2+\sqrt{1+\left(\frac{413}{750}\right)^2} \approx \mathbf{3.141\ 592\ }920$$

$$\frac{63}{25}\times\left(\frac{17+15\sqrt{5}}{7+15\sqrt{5}}\right) \approx \mathbf{3.141\ 592\ 653\ }80$$

$$\sqrt{9.87} \approx \mathbf{3.141\ }655\ 614$$

$$\sqrt{9.8696} \approx \mathbf{3.141\ 59}1$$

$$\sqrt{9.869\ 604\ 401} \approx \mathbf{3.141\ 592\ 653\ }57$$

$$\sqrt{9.869\ 604\ 401\ 089\ 358\ 618\ 834\ 491} \approx \mathbf{3.141\ 592\ 653\ 589\ 793\ 238\ 462\ }$$
643 383 29

［默瓦尔德(R. Möhwald)］

$$\sqrt[4]{9^2+\frac{19^2}{22}} \approx \mathbf{3.141\ 592\ 65}2$$

［拉马努金］

$$2+\sqrt[4!]{4!} \approx \mathbf{3.141\ 5}86\ 440$$

$$\sqrt[4]{\frac{2143}{22}} \approx \mathbf{3.141\ 592\ 65}2$$

$$\sqrt[3]{31+\frac{25}{3983}} \approx \mathbf{3.141\ 592\ 653\ }4$$

$$\sqrt[3]{31} \approx \mathbf{3.141\ }380\ 6$$

$$\left(\sqrt{\sqrt{\sqrt{\sqrt{\sqrt{\sqrt{\sqrt{\sqrt{\sqrt{7}}}}}}}}}\right)^{\sqrt{9!}} \approx \mathbf{3.141\ }603\ 591$$

$$\left(\sqrt{\sqrt{\sqrt{\sqrt{\sqrt{\sqrt{\sqrt{\sqrt{\sqrt{\sqrt{7}}}}}}}}}}\right)^{\sqrt{9!}-\sqrt{\sqrt{4!}}} \approx 3.141\ 592\ 624$$

只是为了好玩,我们顺便来看看这个:$\sqrt{\pi} \approx 1.772\ 453\ 851$ 和 $\dfrac{553}{312} =$

$1.772\ \dot{4}35\ 89\dot{7}$,这意味着另一个很好的近似值会是 $\left(\dfrac{553}{312}\right)^2 \approx 3.141\ 529\ 01$。

在数学中,我们总是在寻找两个表面上彼此无关的概念之间的联系。例如,π 与黄金分割比① ϕ 之间的联系并不容易找到。然而,皮寇弗 (Clifford A. Pickover) 在他的《上帝的织机:时间边缘的数学挂毯》(*The Loom of God: Mathematical Tapestries at the Edge of Time*) 一书中几乎将两者联系起来。皮寇弗用如下方式将两者"几乎联系了起来":$\dfrac{6}{5}\phi^2 = \pi$。但这只是一种近似关系,因为 $\dfrac{6}{5}\phi^2 = 3.141\ 640\ 786\ 499\ 873\ 817\ 8\cdots$,而 $\pi = 3.141\ 592\ 653\ 589\ 793\ 238\ 4\cdots$。所以你可以比较一下。你对这个联系满意吗?

虽然说不上是一种联系(从这个词的真正意义上来说),我们来谈谈数学中另一个著名的数。它就是自然对数的底 e,它约为 2.718 281 828。e^π 的值非常接近 π^e 的值。利用计算器,我们可以很容易地计算出这两个值,只是为了看看这两个值的实际接近程度。$e^\pi = 23.1407\cdots$,而 $\pi^e = 22.4592\cdots$,相当惊人!②

---

① 两条线段 a 和 $b(a>b)$ 若满足 $\dfrac{a}{b} = \dfrac{a+b}{a}$,则这两条线段之比就是黄金分割比。比例 $\phi = \dfrac{a}{b} = \dfrac{\sqrt{5}+1}{2} \approx 1.618\ 033\ 988\ 749\ 894\ 848\ 204\ 586\ 834\ 365$,而其倒数 $\dfrac{b}{a} = \dfrac{\sqrt{5}-1}{2} \approx 0.618\ 033\ 988\ 749\ 894\ 848\ 204\ 586\ 834\ 365$。请注意这两个小数之间的关系。这表明 $\phi - 1 = \dfrac{1}{\phi}$。——原注

② 对于数学爱好者,我们在附录 C 中提供了 $e^\pi > \pi^e$ 的几个证明。——原注

连分数和 π

π 的值也可以用一个连分数来表示。在展示这一点之前,我们先简要回顾一下什么是连分数。连分数是分母中有一个带分数(一个整数和一个真分数)的分数。我们可以取一个假分数,如 $\frac{13}{7}$,并将其表示为带分数:

$$1\frac{6}{7} = 1 + \frac{6}{7}$$

在不改变其值的情况下,我们可以把它写成

$$1 + \frac{6}{7} = 1 + \frac{1}{\dfrac{7}{6}}$$

这又可以写成(其值同样不发生任何改变)

$$1 + \frac{1}{1 + \dfrac{1}{6}}$$

这就是一个连分数。我们本可以继续这个过程,但当我们得到一个单位分数时,我们实质上就已经完成了。为了让你能够更好地掌握这项技术,我们将构建另一个连分数。我们把 $\frac{12}{7}$ 写成一个连分数的形式:

$$\frac{12}{7} = 1 + \frac{5}{7} = 1 + \frac{1}{\dfrac{7}{5}} = 1 + \frac{1}{1 + \dfrac{2}{5}} = 1 + \frac{1}{1 + \dfrac{1}{\dfrac{5}{2}}} = 1 + \frac{1}{1 + \dfrac{1}{2 + \dfrac{1}{2}}}$$

如果我们将一个连分数不断地分解为其各组成部分(称为**各级渐近分数**)[①],那么我们就会越来越接近原分数的实际值。

$$\frac{12}{7} \text{的第一级渐近分数} = 1$$

---

① 这里的做法是相继地考虑该连分数直到每个加号之前的部分的值。——原注

$$\frac{12}{7} \text{ 的第二级渐近分数} = 1 + \frac{1}{1} = 2$$

$$\frac{12}{7} \text{ 的第三级渐近分数} = 1 + \cfrac{1}{1 + \cfrac{1}{2}} = 1 + \frac{2}{3} = 1\frac{2}{3} = \frac{5}{3}$$

$$\frac{12}{7} \text{ 的第四级渐近分数} = 1 + \cfrac{1}{1 + \cfrac{1}{2 + \cfrac{1}{2}}} = \frac{12}{7}$$

上面举出的这些例子都是**有限**连分数，它们都等价于一些有理数（可以表示为简单分数的数——尽管是假分数）。由此可以推断，无理数会导致一个**无限**连分数。事实正是如此。$\sqrt{2}$ 的连分数是无限连分数的一个简单例子。

$$\sqrt{2} = 1 + \cfrac{1}{2 + \cfrac{1}{2 + \cfrac{1}{2 + \cfrac{1}{2 + \cfrac{1}{2 + \cfrac{1}{2 + \cfrac{1}{2 + \cdots}}}}}}}$$

我们有一种简短的符号来写一个长（在这个例子中是无限长）连分数：$[1;2,2,2,2,2,2,\cdots]$，或者当有数字无限重复时，我们甚至可以将其写成一种更短的形式 $[1;\overline{2}]$，其中 2 上方的横线表示 2 无限重复。

德国数学家朗伯率先严格证明了 π 是无理数。他的方法是证明，如果 n 是一个有理数（并且不为零），那么 n 的正切就不可能是有理数。他说，既然 $\tan\frac{\pi}{4} = 1$（一个有理数），那么 $\frac{\pi}{4}$ 或 π 就不可能是有理数。[①]

————————

① 勒让德在他 1794 年出版的《几何学和三角学原理》一书中强化了朗伯的证明。——原注

1770 年,朗伯给出了 π 的连分数。

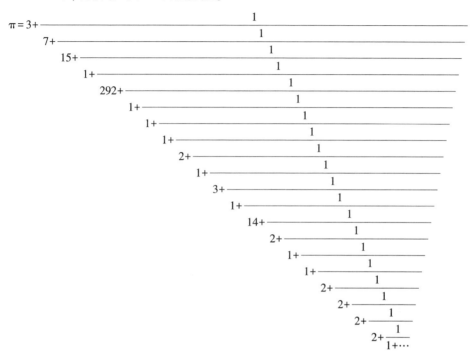

$$\pi = 3 + \cfrac{1}{7 + \cfrac{1}{15 + \cfrac{1}{1 + \cfrac{1}{292 + \cfrac{1}{1 + \cfrac{1}{1 + \cfrac{1}{1 + \cfrac{1}{2 + \cfrac{1}{1 + \cfrac{1}{3 + \cfrac{1}{1 + \cfrac{1}{14 + \cfrac{1}{2 + \cfrac{1}{1 + \cfrac{1}{1 + \cfrac{1}{2 + \cfrac{1}{2 + \cfrac{1}{2 + \cfrac{1}{1 + \cdots}}}}}}}}}}}}}}}}}}}$$

它的简写形式是 [3;7, 15, 1, 292, 1, 1, 1, 2, 1, 3, 1,14 ,2 ,1, 1, 2, 2, 2, 2, 1, 84, 2, …]。

这个连分数的渐近分数分别为 $\dfrac{3}{1}$, $\dfrac{22}{7}$, $\dfrac{333}{106}$, $\dfrac{335}{113}$, $\dfrac{103\,993}{33\,102}$, $\dfrac{104\,348}{33\,215}$, …。

你可能还记得以前见过这里的前几级渐近分数,它们是 π 在历史上的一些近似值:

3 是《圣经》中提到的近似值(《列王纪上》第 7 章 23 节和《历代志下》第 4 章 2 节)。

$\dfrac{22}{7}$ 是阿基米德在公元前 3 世纪给出的上限。

$\dfrac{333}{106}$ 是安东尼森发现的 π 的下限。

$\dfrac{335}{113}$ 是约公元 480 年祖冲之等人发现的值。

前四个值可能对你来说很熟悉,这是因为我们之前遇到过这些近似值。随着每个相继出现的渐近分数,我们会越来越接近 π 的值。以下是这些渐近分数的小数形式。注意它们是如何逐渐趋近 π 的,其中每一个相继的渐近分数都越来越接近 π。

表 5.1

π 的渐近分数	等价的小数形式
$\dfrac{3}{1}$	3.0
$\dfrac{22}{7}$	3. $\dot{1}$42 85$\dot{7}$
$\dfrac{333}{106}$	3. 14$\dot{1}$ 509 433 962 26$\dot{4}$
$\dfrac{335}{113}$	≈3. 141 592 920 353 982 300 884 955 752 212 4
$\dfrac{103\ 993}{33\ 102}$	≈3. 141 592 653 011 902 604 072 261 494 773 7
$\dfrac{104\ 348}{33\ 215}$	3. 14$\dot{1}$ 592 653 921 421 044 708 715 9$\dot{4}$

对于积极性比较高的读者,我们提供两个非简单连分数(即分子不是 1 的连分数),它们的相继渐近分数也会趋向 π 的值[①]:

$$\frac{4}{\pi}=1+\cfrac{1^2}{2+\cfrac{3^2}{2+\cfrac{5^2}{2+\cfrac{7^2}{2+\cfrac{9^2}{2+\cfrac{11^2}{2+\cdots}}}}}}$$

[①] 1869 年,西尔维斯特(James Joseph Sylvester, 1814—1897)发现了这里展示的第二个连分数。他还因创办了《美国数学杂志》(*American Journal of Mathematics*)而闻名。——原注

$$\frac{\pi}{2} = 1 + \cfrac{1}{1 + \cfrac{1 \times 2}{1 + \cfrac{2 \times 3}{1 + \cfrac{3 \times 4}{1 + \cfrac{4 \times 5}{1 + \cdots}}}}}$$

我们可以用一些特殊的方式将 π 与数学的其他方面联系起来。例如，调和级数

$$1 + \frac{1}{2} + \frac{1}{3} + \frac{1}{4} + \frac{1}{5} + \frac{1}{6} + \frac{1}{7} + \frac{1}{8} + \frac{1}{9} + \frac{1}{10} + \cdots$$

其中的各项加数就是取正整数 $1,2,3,4,5,6,7,8,9,10,\cdots$ 的倒数而构成的数列。

这也与 π 有关吗? 不过，这一次我们必须稍作修改。我们要对这个调和级数的每一项取平方，才能得到 $\frac{\pi^2}{6}$。也就是说，$\frac{\pi^2}{6} = 1 + \frac{1}{2^2} + \frac{1}{3^2} + \frac{1}{4^2} + \frac{1}{5^2} + \frac{1}{6^2} + \cdots$。

以下提供了另一些与 π 相关的级数[1]：

$$\frac{\pi^2}{12} = 1 - \frac{1}{2^2} + \frac{1}{3^2} - \frac{1}{4^2} + \frac{1}{5^2} - \frac{1}{6^2} + \cdots$$

$$\pi = \frac{4}{1} - \frac{4}{3} + \frac{4}{5} - \frac{4}{7} + \frac{4}{9} - \frac{4}{11} + \frac{4}{13} - \frac{4}{15} + \cdots$$

上面这个 π 的表达式是欧拉得出的，他还提出了另一个获得 π 的有趣表达式：

$$\frac{2}{\pi} = \left(1 - \frac{1}{4}\right) \times \left(1 - \frac{1}{16}\right) \times \left(1 - \frac{1}{36}\right) \times \left(1 - \frac{1}{64}\right) \times \left(1 - \frac{1}{100}\right) \times \cdots$$

通过一些初等代数运算[2]，上式可写成更简单的形式[3]：

---

① 级数是一个数列的各项之和。——原注

② 这里的通项可以写成 $1 - \frac{1}{(2n)^2}$，于是可将其写成 $\frac{(2n)^2 - 1}{(2n)^2} = \frac{(2n-1)(2n+1)}{(2n)^2}$。

　　　　　　　　　　　　　　　　　　　　——原注

③ 这是沃利斯首先独立提出的。——原注

$$\frac{2}{\pi} = \frac{1 \times 3}{2^2} \times \frac{3 \times 5}{4^2} \times \frac{5 \times 7}{6^2} \times \frac{7 \times 9}{8^2} \times \frac{9 \times 11}{10^2} \times \cdots$$

在讨论可以用来表示 π 的那些表达式时,我们应该注意欧拉提出的公式①:

$$\pi = \lim_{n \to \infty} \left[\frac{1}{n} + \frac{1}{6n^2} + 4n \left(\frac{1}{n^2+1^2} + \frac{1}{n^2+2^2} + \cdots + \frac{1}{n^2+n^2} \right) \right]$$

观察这个公式相继应用于各 n 值的情况是很有趣的。在表 5.2 中你会注意到,在 $n = 10$ 之后,趋近 π 的速度明显变慢。

表 5.2

n 的值	由欧拉的公式确定的 π 值
1	3. 166 666 666 666 66
2	3. 141 666 666 666 66
3	3. 141 595 441 595 44
4	3. 141 593 137 254 902
5	3. 141 592 780 477 657
10	3. 141 592 655 573 826
20	3. 141 592 653 620 795
30	3. 141 592 653 592 515
50	3. 141 592 653 589 920
100	3. 141 592 653 589 795
112	3. 141 592 653 589 793

我们将以一些纯趣味性的例子来结束本章。卡斯特拉诺斯(Dario Castellanos)在他的综述文章《无处不在的 π》②中(有点迂回地) 展示了 666 这个数是如何与 π 联系在一起的。请耐心阅读下文。首先,关于 666 这个数说上几句。这是《圣经·启示录》中的兽数:这也是第 36 个三角

---

① 这是在与哥德巴赫的通信中发现的, Castellanos, " The Ubiquitous π," p. 73。——原注

② Castellanos, " The Ubiquitous π," p. 73. ——原注

形数 $\left(666=\dfrac{1}{2}\times36\times37\right)$。同样令人好奇的是,666 在罗马数字中写成 DCLXVI,它将所有小于 M 的符号都恰好使用了一次。①

666 这个数等于前 7 个素数的平方和:

$$666=2^2+3^2+5^2+7^2+11^2+13^2+17^2$$

666 还有其他一些特点。

用 666 的三个数字作为指数,用前三个自然数为底,可以构成 666 这个数:

$$666=1^6-2^6+3^6$$

现在看看 666 是如何将自己表示出来的:

$$666=6+6+6+6^3+6^3+6^3$$

或 $\qquad 666=(6+6+6)^2+(6+6+6)^2+6+6+6$

请注意这里的模式:

$$666=1^3+2^3+3^3+4^3+5^3+6^3+5^3+4^3+3^3+2^3+1^3$$

我们现在已经看到了 666 这个数字的不寻常性,我们很快就会回到它。考虑 π 值的前 9 位,将它们分为 3 个一组:314 159 265。其中后两组数再加上 212 这个数,就构成了一个毕达哥拉斯三元组(159, 212, 265),这意味着 $159^2+212^2=265^2$。

现在做一点"延伸"。这个新引入的数 212 除 666 所得的商,给出了 π 的一个很好近似值,即 $\dfrac{666}{212}=3.\overset{\cdot}{1}41\ 509\ 433\ 962\ 2\overset{\cdot}{6}$。

666 和 π 更进一步的联系是:π 的前 144[$=(6+6)\times(6+6)$]位数字之和为 666。

卡斯特拉诺斯展示的另一个 π 的趣味应用是幻方②。考虑传统的 5×5 幻方:

① 罗马数字共有 7 个基本符号:Ⅰ 表示 1、Ⅴ 表示 5、Ⅹ 表示 10、Ⅼ 表示 50、Ｃ 表示 100、Ｄ 表示 500、Ｍ 表示 1000。——译注

② 幻方是数字的一个方阵排列,其中每行、每列和各对角线的和都相同。——原注

17	24	1	8	15
23	5	7	14	16
4	6	13	20	22
10	12	19	21	3
11	18	25	2	9

现在,我们将每个数替换为 π 的十进制值对应位数上的数字。也就是说,我们将 17 替换为 2,因为 2 是 π 值的第 17 位数字,以此类推。这样就得出了表 5.3:

表 5.3

					各行之和
2	4	3	6	9	**24**
6	5	2	7	3	**23**
1	9	9	4	2	**25**
3	8	8	6	4	**29**
5	3	3	1	5	**17**
各列之和 **17**	**29**	**25**	**24**	**23**	

请注意各列之和与各行之和是如何相同的!

你可以称之为巧合,也可以认为这是一个奇怪的谜团,但请看看下一个关系。

让我们看看 π 的前 3 位小数:141。这些数字的和是 6,即第一个完全数①,也是第三个三角形数②。

① 完全数(也称为完美数或完备数)是指其真因数之和等于该数本身的数。例如,6 是一个完全数,因为它的真因数之和 1+2+3 就等于 6。——原注
② 三角形数是指该数量的点可以排成一个等边三角形阵列,如图 5.4 所示:

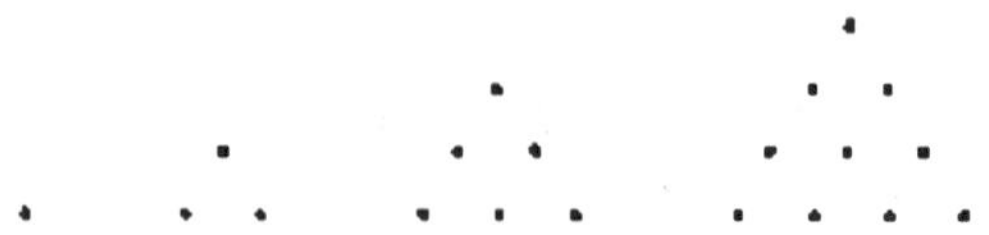

图 5.4

现在看 π 的前 7 位小数：1415926。它们的和是 28，这是第二个完全数，也是第七个三角形数。惊人的对称！

基思（Mike Keith）的"文字与数字世界"网站提供了一些不同寻常的数字趣事。其中之一就是 π 的各位数字构成的不寻常模式。首先，如果将 π 的十进制值的各位数字如下排列为一些六边形数①（图 5.5），那么我们得到最后一行数（由一个数字构成的六边形数）是六个 9。

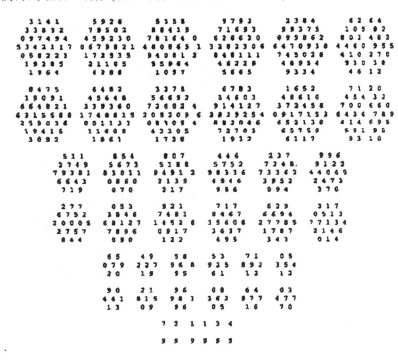

图 5.5

① 六边形数是指该数量的点可以排成一个六边形阵列，如图 5.6 所示：

1　　　　7　　　　　　19　　　　…

图 5.6

因此，1、7、19 等都是六边形数。——原注

请注意最后一行数字(表示第一个六边形数)全部由 9 组成的。也就是说,在第 768 位之后,我们最终得到了六个 9。

在意识到第 768 位数字之后会出现六个 9 之后,现在让我们开始对 12×8 的矩形重复此操作(图 5.7):

```
314159265358  979323846264  338327950288  419716939937  510582097494  459230781640
628620899862  803482534211  706798214808  651328230664  709384460955  058223172535
940812848111  745028410270  193852110555  964462294895  493038196442  881097566593
344612847564  823378678316  527120190914  564856692346  034861045432  664821339360
726024914127  372458700660  631558817488  152092096282  925409171536  436789259036
001133053054  882046652138  414695194151  160943305727  036575959195  309218611738
193261179310  511854807446  237996274956  735188575272  489122793818  301194912983
367336244065  664308602139  494639522473  719070217986  094370277053  921717629317

              675238  467481  846766  940513  200056  812714
              526356  082778  577134  275778  960917  363717
              872146  844090  122495  343014  654958  537105
              079227  968925  892354  201995  611212  902196

                      086  403  441  815  981  362
                      977  477  130  996  051  870

                        7  2  1    1  3  4
                        9  9  9    9  9  9
```

图 5.7

对于 768 这个数字,可以显示出许多特性。例如,$768 = 3 \times 256 = 3 \times 4^4 = 12 \times 4^3 = 6 \times (1+1+2+4+8+16+32+64)$,你还可以找到许多其他特性。这些特性使我们能够在上述几何排列的最后得到一排整齐的 9。

在互联网上搜索或阅读有关数论和趣味数学方面的书籍,你会找到大量关于 π 的特性,供你细细品味。

第6章 π的应用

我们现在将以各种方式探索 π 的各种应用,这将涉及圆的一些不寻常的性质,因为正是圆确定了 π。我们将探索一些相当奇怪的区域,这些区域都是基于圆的,并找到一些有点"另类"的圆弧长度。不过,我们会先来介绍一种不是圆,但与圆有许多共同特性的几何形状。

π 出现在你最意想不到的时候

众所周知,π与圆有关,即它是圆的周长与其直径之比。我们首先看另一个几何图形,其周长与"横向距离"之比也是π。与具有恒定宽度(即直径)的圆一样,这个图形也具有恒定宽度,尽管这一性质不像圆那么明显。我们将通过作图来引入这个图形,它的作图非常简单。我们先作一个等边三角形,然后以该三角形的每个顶点为圆心,边长为半径作三个全等圆(图6.1)。

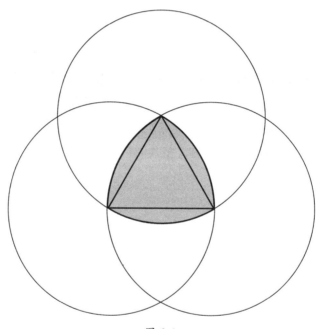

图 6.1

图6.1中的阴影图形是本章的主题。这种形状(图6.2)被称为勒洛三角形,以当时在德国柏林皇家技术大学(Royal Technical University of Berlin)任教的德国工程师勒洛(Franz Reuleaux,1829—1905)的名字命名。有人可能会感到疑惑,勒洛是怎么想到这个三角形的。据说他当时正在寻找一种纽扣,这种纽扣不是圆的,但无论从哪个方向都能够顺利地穿过扣眼。他的"三角形"解决了这个问题,我们将在下面的内容中看到这一点。

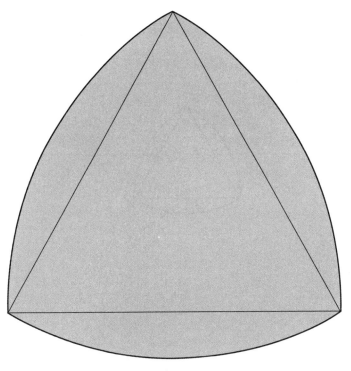

图 6.2

　　勒洛三角形有许多不寻常的性质。它与同样宽度的圆构成了很好的类比。[1] 我们所说的勒洛三角形的宽度是什么意思？我们将与勒洛三角形的曲线相切的两条平行线之间的距离(见图 6.3)称为该曲线的宽度。现在仔细观察勒洛三角形，你会注意到无论我们把这些平行切线放在哪里，它们之间的距离总是相同的，这一距离就是组成三角形的各条弧的半径。

　　另一个宽度不变的几何图形是圆。如图 6.4 所示，圆的"宽度"就是它的直径。圆与勒洛三角形具有相同的性质：无论我们将两条平行切线放置在哪里，它们之间的距离总是等于图形的宽度。

　　勒洛三角形有一些迷人的性质，比如它与圆类似，其周长与宽度之比

———————————

[1]　在圆的情况下，宽度就是其直径，而在勒洛三角形中，宽度是三角形顶点到相对圆弧的距离。——原注

也等于 π。但在我们讨论那些性质之前，我们会先讨论勒洛三角形的一种"实际应用"。

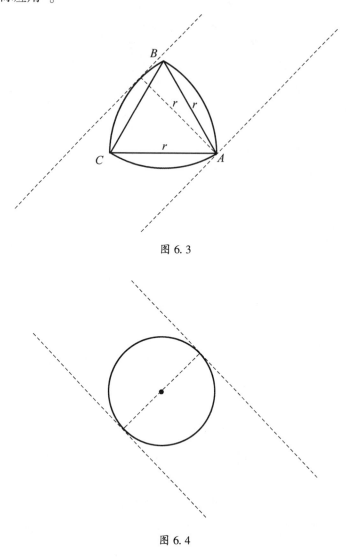

图 6.3

图 6.4

你知道，如果你试图用一把普通扳手来转动一枚圆形螺钉［图 6.5（a）］，结果是不会成功的。扳手会打滑，无法紧紧夹住螺钉的圆头。同样的道理也适用于勒洛三角形螺钉［图 6.5（b）］。扳手也会打滑，因为它是一条宽度不变的曲线，就像圆一样。

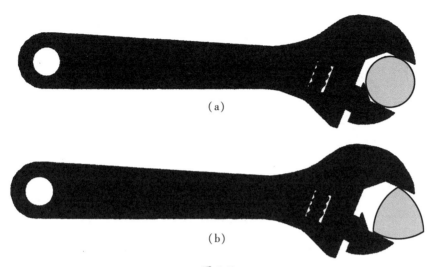

（a）

（b）

图 6.5

　　下面是这种情况的一个实际应用。在夏天的几个月里，城市里的孩子们喜欢在非常炎热的日子里"非法"打开消防栓来降温。由于消防栓的阀门通常是一枚六边形的螺母，因此他们只需找一把扳手就能打开消防栓。如果这枚螺母的形状是一个勒洛三角形状，那么扳手就会沿着其曲线滑动，就像它沿着一个圆滑动一样。不过，勒洛三角形螺母与圆形螺母又有所不同，我们可以用一把具有全等勒洛三角形形状的特殊扳手，这把扳手就会适合于这种螺母，而不发生滑动。对于一个圆形螺母是不可能做到这一点的。因此，消防部门可以配备一把特殊的勒洛扳手，在发生火灾的情况下打开消防栓，而勒洛三角形就可以防止嬉戏放水，从而避免浪费。（一个有趣的点是，纽约市的消防栓有五边形螺母，它们也具有不平行的对边，因而不能用普通的扳手拧转。）

　　我们说勒洛三角形就像圆一样，是一条宽度恒定的闭合曲线。也就是说，当有人用卡尺①来测量这个图形时，无论卡尺的平行量爪放在哪里，测量结果都是一样的。无论对圆还是对勒洛三角形，这一结果都成立。

① 这是一种在一根标有刻度的柄上装有一个固定臂和一个可移动臂的仪器，用于测量圆材及类似物体的直径。——原注

正如我们之前说过的,构成勒洛三角形的方法是画出三个圆,每个圆的圆心分别在一个给定等边三角形的不同顶点处,并且每个圆的半径长度都等于该等边三角形的边长(图6.6)。

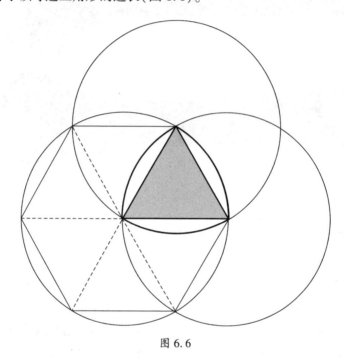

图 6.6

于是就作出了图 6.7 所示的勒洛三角形。

令人惊讶的是,宽度为 r 的勒洛三角形的周长与直径等于该勒洛三角形宽度的圆的周长完全相同。我们将验证圆和勒洛三角形之间的这种关系。

在图 6.8 中,我们注意到勒洛三角形的一条"边"是相应的正六边形外接圆的六分之一,因此此边长的三倍就是所讨论的勒洛三角形的周长。因此宽度为 r 的勒洛三角形的周长等于

$$3 \times \frac{1}{6} \times 2\pi r = \pi r$$

而直径长度为 r 的圆的周长为 πr,这与勒洛三角形的周长相同。

比较这两种图形的面积就完全是另一回事了。它们的面积不相等。让我们来对它们作一下比较。

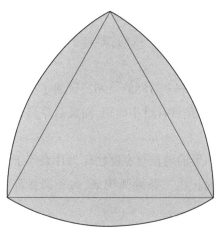

图 6.7

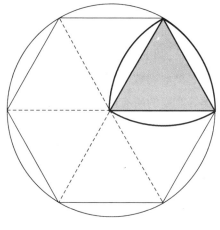

图 6.8

我们可以用一种很巧妙的方法来求出勒洛三角形的面积：将三个有重叠的扇形①的面积(它们的重叠部分是那个等边三角形)相加,然后再减去等边三角形面积的两倍,从而使重叠区域实际上只计算一次而不是三次。(这种方法很有用,我们在本章的后面还会用到。)

三个重叠扇形的总面积 $= 3 \times \dfrac{1}{6} \times \pi r^2$

等边三角形的面积② $= \dfrac{\sqrt{3}\,r^2}{4}$

勒洛三角形的面积③ $= 3 \times \dfrac{1}{6} \times \pi r^2 - 2\left(\dfrac{\sqrt{3}\,r^2}{4}\right) = \dfrac{r^2}{2}\left(\pi - \sqrt{3}\right)$

直径长度为 r 的圆的面积 $= \pi\left(\dfrac{r}{2}\right)^2 = \dfrac{\pi r^2}{4}$

---

① 扇形看起来像一片披萨,是由一个圆的两条半径和连接它们的那条圆弧为界限的区域。——原注

② 这是一个需要记住的并且经常会用到的重要公式。推出这个公式的方法是,先利用毕达哥拉斯定理求出三角形的高,然后只要应用三角形面积的常用公式：$S = \dfrac{1}{2}bh$。——原注

③ 我们在三个重叠扇形的区域中减去两个重叠的三角形面积。——原注

比较这两个宽度相等的图形的面积,就会发现勒洛三角形的面积小于圆的面积。这与我们对规则多边形的理解是一致的,即对于某一给定的周长,圆的面积最大。

奥地利数学家布拉希克(Wilhelm Blaschke, 1885—1962)证明了在此类等宽度的所有图形之中,勒洛三角形总是具有最小面积,而圆总是具有最大面积。

现在让我们回过头来看看勒洛三角形的周长与宽度之比为什么等于圆的这一比值——π。勒洛三角形的周长由三条圆弧构成,每条圆弧都是一个半径为 r 的圆的 $\dfrac{1}{6}$。因此周长就等于

$$3 \times \frac{1}{6} \times 2\pi r = \pi r$$

由于其宽度为 r,因此周长与宽度之比就等于 $\dfrac{\pi r}{r} = \pi$,这正如我们所知道关于圆的情形——圆的周长与宽度(即直径)之比就等于 π。

我们知道轮子会在平面上很平稳地滚动。如果勒洛三角形与圆"等效",那么它也应该能够在平面上滚动。嗯,它确实能够滚动,但是由于那些"尖角"的存在,因此它不会平稳地滚动。如果家具搬运工使用的滚轮形状不是通常的圆柱形,而是一个勒洛三角形,那么家具搬运工所移动的物体虽然不会"颠簸",却会有些不规则地滚动。这是为什么呢?请注意,滚动着的勒洛三角形的中心点(或质心)不会像圆那样,在与它所滚动的表面平行的一条恒定路径上移动。这些滚动的勒洛三角形的侧视图可参见图6.9。

我们可以对勒洛三角形做一项调整,使其具有圆角,但不影响它的各种性质。

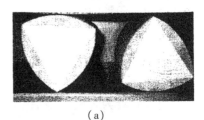

(a)

(b)

图6.9

如果我们将那个用来产生勒洛三角形的等边三角形的各边（其长度为 s）都通过每个顶点延长相等的量（比如说 a），然后轮流以这个三角形的各顶点为圆心、分别以 a 和 $a+s$ 为半径画出六段圆弧（图 6.10），结果就得到了一个经过改良的、具有"圆角"的勒洛三角形，这个形状就能发生比较平滑的滚动了。

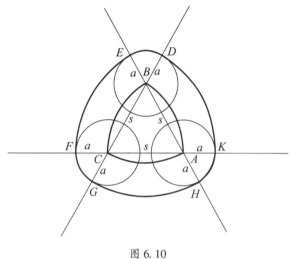

图 6.10

我们现在需要保证的是，这个经过改良的勒洛三角形具有恒定的宽度，并且其周长与宽度之比是 π。

三段较短的"角弧"长度之和为 $3 \times \frac{1}{6} \times 2\pi a$。

三段较长的"边弧"长度之和为 $3 \times \frac{1}{6} \times 2\pi(s+a)$。

这六段弧之和为 $\pi a + \pi(s+a) = \pi(s+2a)$。该图形的宽度为 $(s+2a)$，因此其周长与宽度之比就等于 π。在你最想不到的时候，π 再次出现了。与之相比较，一个直径为 $(s+2a)$ 的圆的周长为 $\pi(s+2a)$，与此勒洛三角形相同。

勒洛三角形的另一个令人惊讶的特性是，一个形状为勒洛三角形的钻头可以钻出一个方形的洞，而不是预料中的圆形的洞。或者换种说法，

勒洛三角形总是与一个适当大小的正方形的各边相接触。可以在图
6.11 和图 6.12 中看到这一点。但是要记住的是,这个钻头不会以一根
固定的轴旋转;确切地说,一个在正方形中旋转的勒洛三角形的中心描绘
出一个近似的圆。更确切地说,它是由四段椭圆弧构成的。(圆是唯一具
有一个均衡对称中心的恒定宽度曲线。)

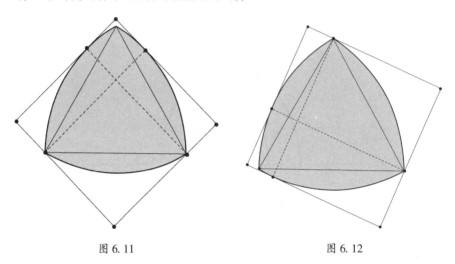

图 6.11   图 6.12

住在美国宾夕法尼亚州龟溪(Turtle Creek)的英国工程师哈里·詹
姆斯·瓦特(Harry James Watt)[1]在 1914 年认识到了这一点。他于当年
获得了一项美国专利(1241175 号),因而使得这些钻头能够得以生产。
1916 年,位于宾夕法尼亚州威尔默丁(Wilmerding)市的瓦特兄弟工具公
司(Watt Brothers Tool Works)开始生产可以切割方孔的钻头。由此就可
以旋转勒洛三角形,使它总是与一个正方形的各边相接触,从而刷遍这个
正方形的各边,并且也非常接近这个正方形的各个角。

德国工程师汪克尔(Felix Wankel,1902—1988)为一辆汽车制造了一
台内燃机,这台内燃机有一个形状是勒洛三角形的内部旋转部件,并在一
个腔室内旋转。它比常见活塞发动机的运动部件更少,但是比与它同尺

---

① 哈里·詹姆斯·瓦特是著名发明家詹姆斯·瓦特(James Watt,1736—1819)的后
人。——原注

寸的活塞发动机有更高的功率。对汪克尔发动机的首次试验是在 1957 年,随后在 1964 年将其投入生产,用于马自达(Mazda)汽车。又一次,勒洛三角形的那些不同寻常的性质使这种类型的发动机得以实现。

位于德国乌尔姆的 Energon 大楼据说是世界上最大的被动式节能办公楼(图 6.13)。它拥有一个勒洛三角形的外形,是一座低能耗建筑,由地热能供暖。

图 6.13

与圆类似,有很多有趣和有用的关于勒洛三角形的想法,因此勒洛三角形与圆共享 π 的所有权。

体育运动中的 π

你有没有想过田径比赛的起始位置是如何计算的？好吧,这里没有 π 也是不行的。标准跑道长度为 400 米,每条跑道的宽度为 1.25 米。跑道由两条直道和两条半圆形弯道组成。

在修建跑道的过程中会出现许多问题。每条跑道有多长？在第 1 道的选手之后,相继每位选手的起跑线前移量 v(以米为单位)应该是多少？为了使第 1 道长 400 米,每个半圆部分的半径应该是多少？

我们将考虑直道部分长度为 a 米、每条跑道的宽度为 b 米的情况(图 6.14)。

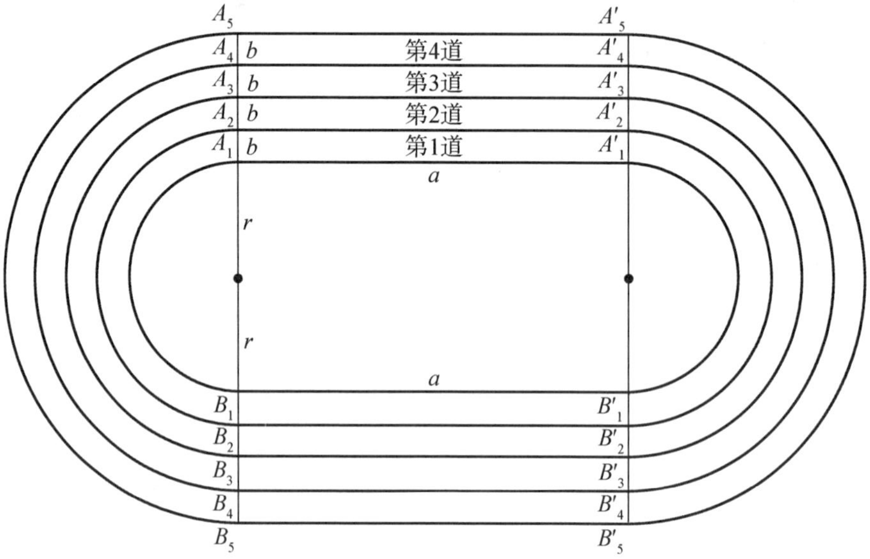

图 6.14

(请注意:应在距离相继的每条跑道内边缘 20 厘米处进行测量。)

我们首先测量第 1 道,然后,对于相继的每条跑道,我们进行如下所示的适当调整。①

---

① 20 厘米=0.2 米。——原注

第 1 道:$C_1 = 2a + 2\pi(r + 0.2) = 2a + 2\pi r + 2\pi \times 0.2$；$v_1 = 0$。

第 2 道:$C_2 = 2a + 2\pi(r + b + 0.2) = 2a + 2\pi r + 2\pi b + 2\pi \times 0.2$；$v_2 = 2\pi b$。

第 3 道:$C_3 = 2a + 2\pi(r + 2b + 0.2) = 2a + 2\pi r + 4\pi b + 2\pi \times 0.2$；$v_3 = 4\pi b$。

第 4 道:$C_3 = 2a + 2\pi(r + 3b + 0.2) = 2a + 2\pi r + 6\pi b + 2\pi \times 0.2$；$v_4 = 6\pi b$。

当 $a = 100$ 米、$b = 1.25$ 米，并且 $C_1 = 2a + 2\pi r + 2\pi \times 0.2$ 时，我们得到

$$2(a + \pi r + 0.2\pi) = 400(米)，因此，r = \frac{100}{\pi} - \frac{1}{5} = \frac{500 - \pi}{5\pi} \approx 31.63(米)。$$

各起跑线前移量的计算方法如下:

$$v_2 = 2\pi b \approx 7.85(米)$$

$$v_3 = 4\pi b \approx 15.71(米)$$

$$v_4 = 6\pi b \approx 23.56(米)$$

请记住,如果没有我们可靠的 π,这一切都不可能实现!

在下面的讨论中,π 在求解圆的面积和圆的其他方面将发挥着越来越重要的作用,而且现在我们还必须使用一些有趣的技术。这些技术可能会使我们对要解决的某些问题以一种新的方式去"看待",也就是"回到"解答,这是一种有点间接的方法。随着我们从一个问题讨论到另一个问题,这种技巧会变得越来越明显,我们希望,也会变得越来越熟悉。

由半圆构成的螺线

我们首先来观察图 6.15(a) 和图 6.15(b)。它们看起来像螺线,并且可以这样认为。然而,它们并不是寻常的螺线,这是因为它们是由越来越大的半圆连接而成的。利用无处不在的 π,我们就能够测量这些螺线的长度和面积。在图 6.15(a) 和 6.15(b) 中,点 M_u 和 M_o 之间的距离为 a,并且交替地作为各自的半圆的圆心。M_u 是位于水平直径下方的各半圆的圆心,M_o 是位于水平直径上方的各半圆的圆心。

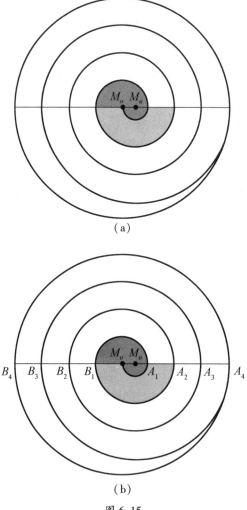

图 6.15

在我们可靠的 π 的帮助下，我们可以找到这条螺线的长度和这些半圆环①的面积。我们将分别计算出每一部分。半圆 $c_1(M_u, a)$ 是指圆心为 M_u、半径长度为 a 的半圆。表 6.1 显示了每个半圆的计算。

表 6.1

半圆	弧长	半圆面积	半圆环面积
$c_1(M_u, a)$	$b_1 = \pi \cdot a$	$S_{半圆1} = \frac{1}{2}\pi \cdot a^2$	$S_1 = \frac{1}{2}\pi \cdot a^2 = \frac{1}{2}\pi a^2$
$c_2(M_o, 2a)$	$b_2 = 2\pi \cdot a$	$S_{半圆2} = \frac{1}{2}\pi \cdot (2a)^2$	$S_2 = 2\pi \cdot a^2 = 2\pi a^2$
$c_3(M_u, 3a)$	$b_3 = 3\pi \cdot a$	$S_{半圆3} = \frac{1}{2}\pi \cdot (3a)^2$	$S_3 = S_{半圆3} - S_{半圆1} = 4\pi a^2$
$c_4(M_o, 4a)$	$b_4 = 4\pi \cdot a$	$S_{半圆4} = \frac{1}{2}\pi \cdot (4a)^2$	$S_4 = S_{半圆4} - S_{半圆2} = 6\pi a^2$
$c_5(M_u, 5a)$	$b_5 = 5\pi \cdot a$	$S_{半圆5} = \frac{1}{2}\pi \cdot (5a)^2$	$S_5 = S_{半圆5} - S_{半圆3} = 8\pi a^2$
$c_6(M_o, 6a)$	$b_6 = 6\pi \cdot a$	$S_{半圆6} = \frac{1}{2}\pi \cdot (6a)^2$	$S_6 = S_{半圆6} - S_{半圆4} = 10\pi a^2$
$c_7(M_u, 7a)$	$b_7 = 7\pi \cdot a$	$S_{半圆7} = \frac{1}{2}\pi \cdot (7a)^2$	$S_7 = S_{半圆7} - S_{半圆5} = 12\pi a^2$
$c_8(M_o, 8a)$（上）	$b_8 = 8\pi \cdot a$	$S_{半圆8} = \frac{1}{2}\pi \cdot (8a)^2$	$S_8 = S_{半圆8} - S_{半圆6} = 14\pi a^2$
$c_8(M_o, 8a)$（下）	$b_8 = 8\pi \cdot a$	$S_{半圆8} = \frac{1}{2}\pi \cdot (8a)^2$	$S_9 = S_{半圆8} - S_{半圆7} = \frac{15}{2}\pi a^2$

该螺线的长度是这些 b_i 的和

$$(1+2+3+4+5+6+7+8+8)\pi a = 44\pi a$$

我们可以将这些半圆环的面积相加，看看是否得到了那个最大圆的面积，以此检验我们是否正确地计算了这些半圆环的面积。

---

① 圆环是指两个同心圆之间的区域。半圆环是指两个同心半圆之间的区域。

——原注

$$S_1+S_2+S_3+S_4+S_5+S_6+S_7+S_8+S_9$$

$$=\frac{1}{2}\pi a^2+2\pi a^2+4\pi a^2+6\pi a^2+8\pi a^2+10\pi a^2+12\pi a^2+14\pi a^2+\frac{15}{2}\pi a^2$$

$$=\left(\frac{1}{2}+2+4+6+8+10+12+14+\frac{15}{2}\right)\pi a^2$$

$$=64\pi a^2$$

$$=\pi(8a)^2$$

$$=圆\ 8\ 的面积$$

这里令人愉快的是,我们使用了 π 就能计算出这种螺线的长度和面积。

独特的七圆排列

尝试用 7 枚相同大小的硬币,将它们放置成其中 6 枚与第 7 枚都相切的位置,如图 6.16 所示。

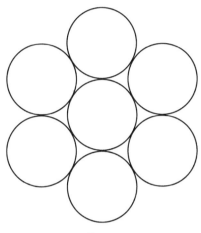

图 6.16

随着这一节的深入,你会发现,这一布局只能用 7 个全等圆才能实现,因为如果你连接各切点处的半径,就会构成一个正六边形。这类似于用一副圆规画一个圆,然后发现如果你沿着圆周连续标出半径长度,那么标出 6 段之后就会回到起点。

考虑图 6.17 中的构形。我们可能想要确定这些全等圆之间的 6 个非阴影区域的面积总和。有几种方法可以求出非阴影区域的面积。我们在这里提供一种。

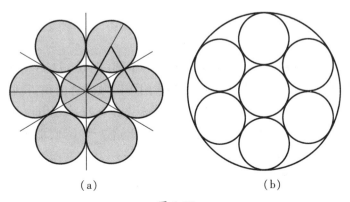

(a)   (b)

图 6.17

考虑含有一个非阴影区域的等边三角形[图 6.17(a)]。求出这个三角形的面积,并减去 3 个扇形的面积,就可以求出这个非阴影区域的面积,而这每个扇形的面积是圆面积的六分之一(因为它的角度是 60°)。如果设一个小圆的半径等于 r,那么我们就得到一个非阴影区域的面积如下:

等边三角形的面积 $= \dfrac{\sqrt{3} \times (2r)^2}{4} = \sqrt{3}\, r^2$。

三个阴影扇形的面积 $= 3 \times \dfrac{1}{6} \pi r^2 = \dfrac{\pi r^2}{2}$。

一个非阴影区域的面积 $= \sqrt{3}\, r^2 - \dfrac{\pi r^2}{2} = \dfrac{r^2}{2}(2\sqrt{3} - \pi)$。

所有非阴影区域的面积 $= 6\left[\dfrac{r^2}{2}(2\sqrt{3} - \pi)\right] = 3r^2(2\sqrt{3} - \pi)$。

为了求出那个有 6 个尖角的图形的面积(图 6.18),我们只需将 6 个非阴影区域的面积相加,再加上其中一个小圆的面积:

有 6 个尖角的图形的面积 $= \pi r^2 + 3r^2(2\sqrt{3} - \pi) = 2r^2(3\sqrt{3} - \pi)$

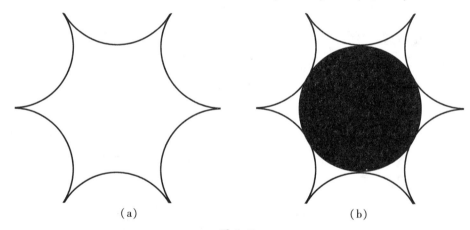

(a)　　　　　　　　　(b)

图 6.18

一旦在外围的 6 个圆的外围再放置一个圆[图 6.17(b)],非阴影区域就又会增加。为了得到大圆内这些非阴影区域的总面积,我们只需用大圆面积减去 7 个小圆的总面积。$(3r)^2 \pi - 7\pi r^2 = 2\pi r^2$。因此,在 π 的帮助下,我们能够证明,如果从较大的圆中取出这 7 个小圆,那么剩余的面积就相当于两个小圆的面积。

一个"蘑菇"形状

图 6.19 由一个四分之一圆和两个重叠的半圆组成,其中半圆的直径等于四分之一圆的半径。

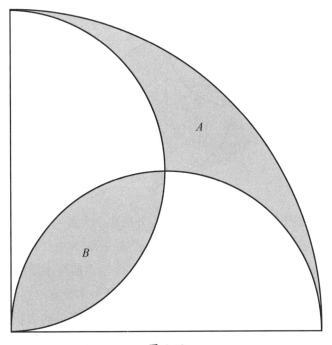

图 6.19

对于标为 A 和 B 的两块阴影区域,你猜猜它们之间会有什么关系?

如果我们把各个四分之一圆和半圆都画完整,那么答案可能会变得清楚一些(图 6.20)。

由于大圆的半径是小圆半径的 2 倍,所以它的面积是小圆半径的 4 倍。①

$$大圆的面积 = 4 \times 小圆的面积 = 4\pi r^2 = \pi(2r)^2$$

---

① 几何学中有这么一个重要的概念:两个相似图形的面积之比等于其相似比(即其对应边之比)的平方。这里使用这个概念是因为所有的圆都是相似的。——原注

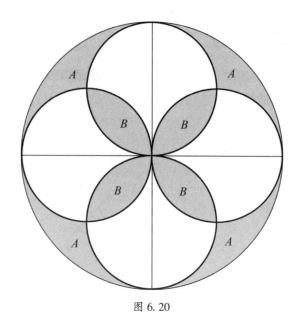

图 6.20

所以内部四个小圆的面积之和等于外面那个大圆的面积。

我们注意到四个小圆有四个重叠的区域（标记为 B），在大圆中有四个区域（标记为 A）没有包括在小圆之中。由于在四个小圆的面积之和中，每个 B 区域都被使用了两次，而这些 A 区域根本没有用到（并且这里存在着完全的对称性），我们可以得出结论，每个 B 区域的面积都必定与每个 A 区域的面积相等——回想一下，四个小圆的面积之和等于大圆的面积。这种推理在数学中非常重要。

我们也可以用另一种方式来解答这个问题，这可能需要比较少的抽象思考，但需要更多的计算。优雅是有代价的！

如图 6.21 所示，图中在两个半圆中作出了长度为 r 的垂直半径。我们可以将各个要考虑的面积表示如下：

首先，为了求出区域 A 的面积，我们要从大的四分之一圆（包括区域 A、D、D、E、E 和 B）中减去两个小的四分之一圆（包括区域 D、D）和一个小正方形（包括区域 E、E 和 B）。

$$A \text{ 的面积} = \frac{1}{4} \cdot 4\pi r^2 - \left(2 \cdot \frac{1}{4}\pi r^2 + r^2\right)$$

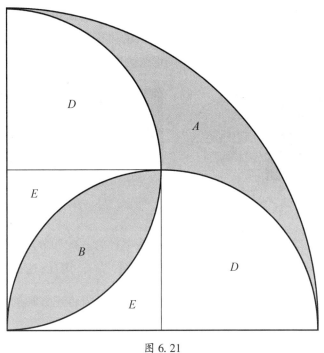

图 6. 21

$$= \pi r^2 - \frac{\pi}{2} r^2 - r^2$$

$$= r^2 \left(\frac{\pi}{2} - 1 \right)$$

为了求出区域 B 的面积,我们将两个小的(重叠的)四分之一圆的面积相加(包括区域 B、E、B 和 E),并从这个面积和中减去正方形(包括区域 E、E 和 B)的面积。

$$B \text{ 的面积} = 2 \cdot \frac{1}{4} \pi r^2 - r^2$$

$$= \frac{\pi}{2} r^2 - r^2$$

$$= r^2 \left(\frac{\pi}{2} - 1 \right)$$

由此我们可以清楚地得出,A 和 B 这两个区域具有相同的面积。

接下来,我们会研究一些不寻常的形状。它们由正方形内部的圆弧构成。图 6.22 中的这些图形将为接下来的讨论理下伏笔。既然有一图胜千言这种说法,那我们就让这些图形来表明情况吧。

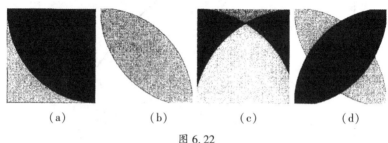

（a）　　　　　　（b）　　　　　　（c）　　　　　　（d）

图 6.22

在图 6.22(a)中,较深的阴影区域是半径为 a 的四分之一圆。为了求出这个区域的面积,我们取圆面积的四分之一。因此,这部分面积为 $\frac{1}{4}\pi a^2$。为了得到较浅阴影区域的面积,我们只需将正方形的面积减去四分之一圆的面积,得到 $a^2 - \frac{1}{4}\pi a^2 = a^2\left(1 - \frac{\pi}{4}\right)$。在求解各种奇怪区域的面积的整个探索过程中,我们都会用到这一技巧。

在图 6.23 中,四边形 $ABCD$ 是一个正方形,并作了两条四分之一圆弧 BD。我们要求出阴影区域的面积(橄榄球形状),它由两个四分之一圆重叠而成。最简单的方法(大多数人很可能会使用的方法)是求出扇形 ADB 的面积,然后减去 Rt$\triangle ADB$ 的面积,从而得到该部分的面积(橄榄球形状的一半),然后将其加倍以得到阴影区域的面积。

在我们看来,更优雅的一个方法是将扇形 ADB 和扇形 CBD 的面积相加,这样得到的面积等于 $A_1 + 2A_3 + A_2$。如果我们用这个面积和减去正方形的面积,就得到了阴影区域的面积。

我们现在就按这个方案来算:

扇形 ADB 的面积 $= \frac{1}{4}\pi a^2$。

扇形 CDB 的面积 $= \frac{1}{4}\pi a^2$。

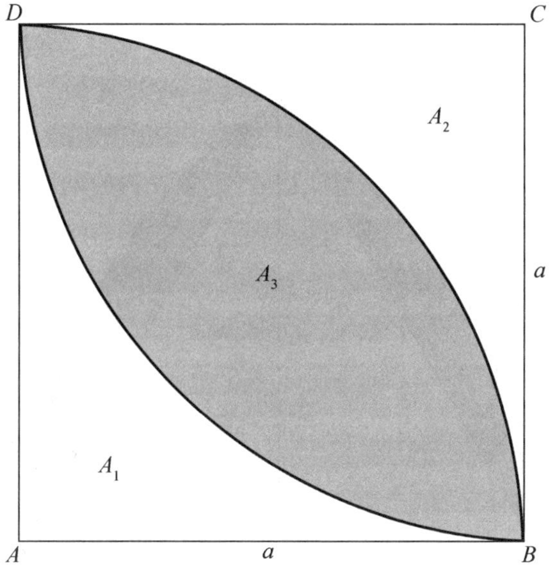

图 6.23

扇形 ADB+扇形 CDB 的面积 $=\dfrac{1}{2}\pi a^2$。

(请注意,阴影区域在这个加法中使用了两次。)

减去正方形 $ABCD$ 的面积,得到 $\dfrac{1}{2}\pi a^2-a^2=a^2\left(\dfrac{\pi}{2}-1\right)$。

在图 6.24 中,正方形 $ABCD$ 的边长为 a,两个四分之一圆以其顶点 A 和 B 为圆心。我们要设法求出区域 A_6 的面积。线段 EM 垂直于 AB,垂足为 AB 中点 M。$\triangle AEB$ 是一个等边三角形。

根据毕达哥拉斯定理,$EM=\dfrac{\sqrt{3}\,a}{2}$,因此 $S_{\triangle AEB}=\dfrac{1}{2}\times\dfrac{\sqrt{3}\,a}{2}\times a=\dfrac{\sqrt{3}\,a^2}{4}$。①

现在来解这道题:扇形 AEB 面积的两倍减去 $\triangle AEB$ 的面积,就得到区域 $A_1+A_2+A_3$ 的面积。

我们现在就来做这个计算吧。

---

① 这是一个众所周知且经常使用的公式,用于在等边三角形的边长给定时,求此等边三角形的面积。在本例中,三角形边长为 a。——原注

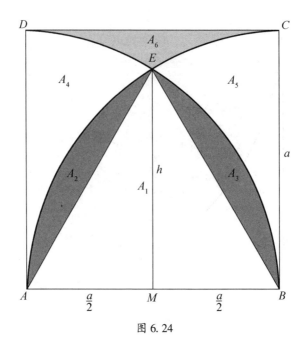

图 6.24

由于 $\angle EAB = 60°$，因此扇形 AEB 的面积 $= \dfrac{\pi a^2}{6}$。

它的两倍是 $\dfrac{\pi a^2}{3}$。从中减去 $\triangle AEB$ 的面积得到

$$\frac{\pi a^2}{3} - \frac{\sqrt{3}\,a^2}{4}$$

现在我们就得到了区域 $A_1 + A_2 + A_3$ 的面积 $= \dfrac{\pi a^2}{3} - \dfrac{\sqrt{3}\,a^2}{4}$。

最终为了求出区域 A_6 的面积，我们再次使用类似的技术。不过，这一次我们要求出扇形 ADB（它是四分之一圆）面积的两倍，这样就得到了区域 $2(A_4 + A_2 + A_1 + A_3)$。再减去我们刚刚求出的区域：$A_1 + A_2 + A_3$。换言之，我们再次减去使用了两次的重叠区域。这样就得出了 $A_1 + A_2 + A_3 + 2A_4 = A_1 + A_2 + A_3 + A_4 + A_5$。于是与这个正方形的面积就差 A_6 了，这就是我们要求的区域。然后问题就得解了。

现在来具体计算：

四分之一圆对应的扇形 ADB 的面积 $=\dfrac{\pi a^2}{4}$，它的两倍是 $\dfrac{\pi a^2}{2}$。我们现在必须减去使用了两次的重叠区域：

$$\frac{\pi a^2}{2}-\frac{\pi a^2}{3}+\frac{\sqrt{3}\,a^2}{4}$$

然后用正方形面积减去这个值，得到

$$a^2-\left(\frac{\pi a^2}{2}-\frac{\pi a^2}{3}+\frac{\sqrt{3}\,a^2}{4}\right)$$

$$=a^2-\frac{\pi a^2}{6}-\frac{\sqrt{3}\,a^2}{4}$$

$$=a^2\left(1-\frac{\pi}{6}-\frac{\sqrt{3}}{4}\right)$$

这就是 A_6 的面积。

我们将用这个区域 (A_6) 的面积来解决下一个问题，这个问题可能会有一点挑战性。不过，根据我们已经完成的工作，以及我们在之前的问题中使用过几次的技术，即减去（使用了两次的）重复区域的面积，我们应该不难求解这个问题。

在图 6.25 中，我们有 4 个四分之一圆，它们的圆心分别为正方形 $ABCD$ 的 4 个顶点，半径为正方形的边长 a，它们的交集形成区域 F_9，我们要求其面积。在前面的那个问题中，我们刚刚求出了区域 F_3 的面积。我们可以用正方形 $ABCD$ 的面积减去四个无阴影区域的面积（每个区域的面积都等于 F_3 的面积），以得到所有阴影区域 $(F_2+F_4+F_6+F_8+F_9)$ 的总面积。

其计算过程如下：

$$a^2-4a^2\left(1-\frac{\pi}{6}-\frac{\sqrt{3}}{4}\right)$$

$$=a^2\left(\frac{2\pi}{3}-3+\sqrt{3}\right)$$

有了这些准备，我们最后来求区域 F_9 的面积。先求两个重叠的"橄榄球"形区域 $(F_2+F_9+F_6+F_4+F_9+F_8)$ 的面积之和，于是在其中减去上面

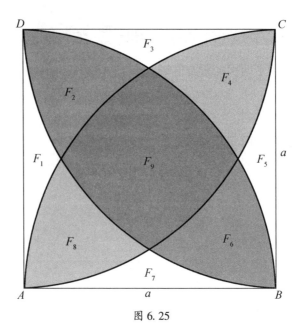

图 6.25

求得的所有阴影区域 $F_2+F_9+F_6+F_8+F_9$ 的面积,便是 F_9 的面积。我们刚才已求出了一个"橄榄球"形区域的面积是 $a^2\left(\dfrac{\pi}{2}-1\right)$。

这个面积的两倍是 $a^2(\pi-2)$,而所有阴影区域的面积是 $a^2\left(\dfrac{2\pi}{3}-3+\sqrt{3}\right)$,因此区域 F_9 的面积就是

$$a^2(\pi-2)-a^2\left(\dfrac{2\pi}{3}-3+\sqrt{3}\right)$$

$$=a^2\left(\dfrac{\pi}{3}+1-\sqrt{3}\right)$$

这一解答过程可不简单。然而,你可以看到 π 在求解这些奇怪区域面积时所发挥的作用。

一个"海豚"形状

正方形网格(图6.26)的单位方格边长为 a。我们要求阴影部分这个奇怪形状的周长和面积,我们把这个形状称为海豚形状。

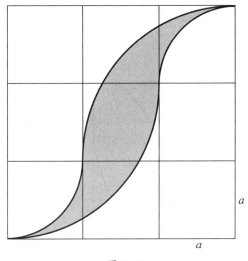

图 6.26

让我们先来琢磨一下这个海豚形状的实际构成。为此,我们为你完整地画出一些圆,这些圆的一部分组成了海豚形状(图6.27)。

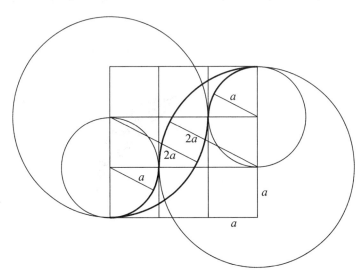

图 6.27

这个形状的**周长**由两个半径为 $r_1 = a$ 的四分之一圆和两个半径为 $r_2 = 2a$ 的四分之一圆组成。我们很容易通过以下方式求出其周长。

$$周长 = 2 \times \frac{1}{4} \times 2\pi a + 2 \times \frac{1}{4} \times 2\pi \times 2a = 3\pi a$$

这个形状的**面积**由两个半径为 $r_2 = 2a$ 的弓形面积减去两个半径为 $r_1 = a$ 的弓形面积得到(图6.28)。

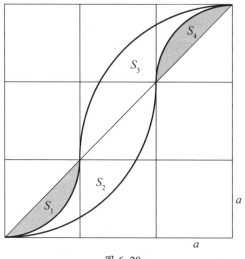

图 6.28

而一个弓形的面积可以用四分之一圆的面积减去一个等腰直角三角形的面积得到(图6.29),即这种弓形的面积 = 一个四分之一圆的面积 - 一个等腰直角三角形的面积 = $\frac{1}{4}\pi r^2 - \frac{r^2}{2} = \frac{(\pi-2)r^2}{4}$。

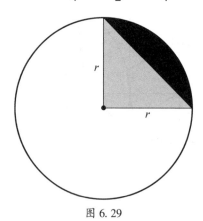

图 6.29

对于半径为 $r_2 = 2a$ 的两个弓形 S_2 和 S_3,我们得到

$$S_2 \text{ 的面积} + S_3 \text{ 的面积} = 2\left[\frac{(\pi-2)(2a)^2}{4}\right] = 2(\pi-2)a^2$$

然后半径为 $r_1 = a$ 的两个弓形 S_1 和 S_4 给出了要减去的面积

$$S_1 \text{ 的面积} + S_4 \text{ 的面积} = 2\left[\frac{(\pi-2)a^2}{4}\right] = \frac{1}{2}(\pi-2)a^2$$

所以海豚形状的面积为

$$(S_2 \text{ 的面积} + S_3 \text{ 的面积}) - (S_1 \text{ 的面积} + S_4 \text{ 的面积})$$

$$= 2(\pi-2)a^2 - \frac{1}{2}(\pi-2)a^2$$

$$= \frac{3}{2}(\pi-2)a^2$$

你可能想寻找求出这种奇怪形状的周长和面积的其他方法。

阴阳

阴阳是中国哲学的古老象征。它反映了中国哲学中两极的基本概念,宇宙的所有事件都是从两极的相互影响和相互作用中产生的。

阴阳符号是从哪里来的?  是中国著名的阴阳符号。它的形成源于我们宇宙的自然现象。

古代中国人通过观察天空,记录北斗七星的位置,以及观察8尺(中国的度量单位)的杆子在太阳下的阴影,确定了四个方向(图6.30)。日出的方向是东方,日落的方向是西方,正午阴影最短的方向是南方,正午阴影最长的方向是北方。晚上,北极星所在的方向是北方。

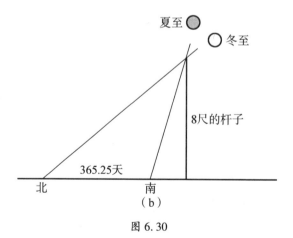

（a）夜空中的北斗七星

图6.30

他们注意到季节的变化。当北斗七星的斗柄指向东方时,就是春季;当北斗七星的斗柄指向南方时,就是夏季;当北斗七星的斗柄指向西方时,就是秋季;当北斗七星的斗柄指向北方时,就是冬季了。

古代中国人在观察太阳的周期时,只是简单地使用一根大约 8 尺长的杆子,使它与地面成直角,然后记录其阴影的位置。于是他们发现一年的长度大约是 365.25 天。他们甚至根据日出和北斗七星的位置,将一年划分为二十四个节气,包括春分、秋分、夏至和冬至。

他们用 6 个同心圆标出这二十四个节气,将圆划分为 24 个扇形,并记下每天杆子阴影的长度。最短的阴影出现在夏至那天。最长的阴影出现在冬至那天。从夏至到冬至画好线并将阴的那一部分调暗后,太阳图如图 6.31 所示。地球的黄赤交角 23°26′19″可以在图 6.32 中看到。

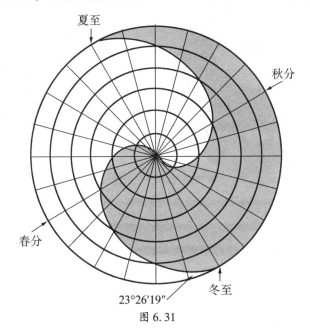

图 6.31

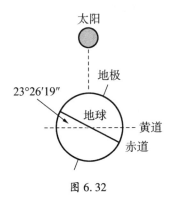

图 6.32

黄道是太阳绕地球运行的视路径,它相对于地球赤道是倾斜的(图6.32)。2000年的黄赤交角约为23°26′19″。

旋转太阳图,将冬至定位在底部,它看起来就会如图6.33所示。浅色区域表示阳光较多,称为阳(太阳)。深色区域阳光较少(月光较多),称为阴(月亮)。阳像男人,阴像女人。没有阴,阳就不会生长。没有阳,阴就不能生育。阴在夏至出生(开始),阳在冬至出生(开始)。因此,在夏至的位置处标记了一个小圆,表示阴。在冬至的位置处标记了另一个小圆,表示阳。

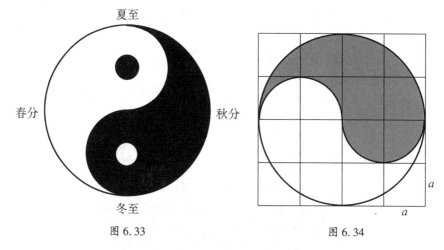

图6.33　　　　　　　　　　　　图6.34

一般而言,阴阳符号是中国人对整个天象的一种理解。它包含了太阳在四季中的循环复始。

这个看起来像泪滴的符号是由三个半圆构成的,其中两个较小半圆的直径均为较大半圆直径的一半(图6.34)。

不难求出这个泪滴形阴阳符号的面积,如果我们能意识到,大半圆中缺失的部分,被较小的半圆重新加了回来。所以它的面积就是较大半圆的面积(图6.35)。

为了求出周长,请你回忆一下第1章中的内容。我们在那里得出:一个大半圆的弧长等于该半圆内的各小半圆弧长之和。因此,既然两个小半圆的长度之和等于大半圆的长度,泪滴形阴阳符号的周长就等于大圆

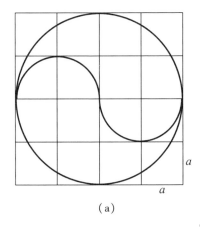

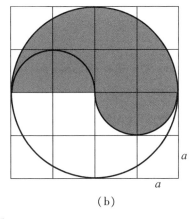

（a）   （b）

图 6.35

的周长。也许看起来不符合直觉,但事实就是这样。

与阴阳图相似的另一种图形如图 6.36 所示。其中一个"泪滴"形状的面积和周长是多少? 中心区域(泪滴形状之外的区域)的面积是多少?

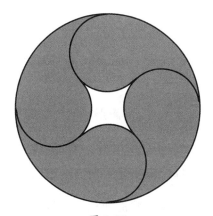

图 6.36

和前面一样,我们认定此时的图形具有对称性,这正如图 6.37 所表明的,其中每个小圆的半径为 r。

其中一个泪滴形状的周长很容易求出,前提是我们要认识到,一个泪滴形状的小圆部分,是一个小圆的 $180° + 45° = 225°$ 的弧加上另一个全等小圆的 $180° - 45° = 135°$ 的弧。这两段弧加在一起构成了一个完整的 $360°$ 小圆。此外,我们还需要四分之一大圆的弧长。要确定这段弧长,我们首

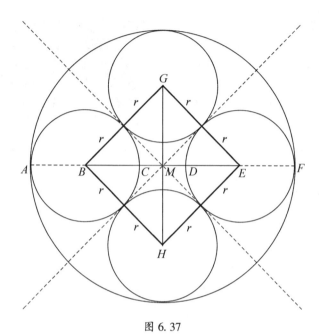

图 6.37

先需要得到大圆的半径。对 Rt△BMG 应用毕达哥拉斯定理,得到 $BM^2 + MG^2 = BG^2$,由于 $BM = MG$,因此 $BM = \sqrt{2}r$。这样就得出了大圆的半径长度为 $r + \sqrt{2}r$。

然后计算就很直截了当了:泪滴形状的周长等于小圆的周长加上四分之一的大圆周长,即

$$泪滴形状的周长 = 2\pi r + \frac{1}{4}\left[2\pi(r + \sqrt{2}r)\right] = \frac{\pi r}{2}(5 + \sqrt{2})$$

为了求出其中一个泪滴形状的面积,我们首先要求出中心的那个四圆弧形状的面积。在这里,我们要把我们的注意力放在正方形 $BGEH$ 上。从正方形 $BGEH$ 的面积中减去 4 个四分之一圆的面积,就可以求出中心四圆弧形状的面积。其计算过程如下:

$$中心四圆弧形状的面积 = (2r)^2 - 4\left(\frac{1}{4}\pi r^2\right) = 4r^2 - \pi r^2 = r^2(4 - \pi)$$

由于泪滴形状是由一个小圆和大圆中的一个不在小圆中的区域(一共有 4 个这样的全等外部区域)组成的,因此我们只需从大圆的面积中减

去四个小圆的面积和中心四圆弧形状的面积，然后取该结果的四分之一，就可以得到这四个"外部部分"之一的面积：

$$\frac{1}{4}\left(\text{大圆的面积} - \text{中心四圆弧形状的面积} - \text{四个小圆的面积}\right)$$

$$= \frac{1}{4}\left[\pi(r+\sqrt{2}r)^2 - r^2(4-\pi) - 4(\pi r^2)\right]$$

$$= r^2\left(\frac{\sqrt{2}\pi}{2} - 1\right)$$

为了求出其中一个泪滴形状的面积，我们只需将这个面积加上其中一个小圆的面积。因此，其中一个泪滴形状的面积为 $r^2\left(\dfrac{\sqrt{2}\pi}{2} - 1\right) + \pi r^2 = r^2\left(\dfrac{\sqrt{2}\pi}{2} - 1 + \pi\right)$。

用 π 为三个人平分一个比萨

摆在我们面前的任务是要将一个圆形披萨平分给三个人,我们面临着如何实际切分的问题。披萨可以用多种方法平均分配。我们会在这里向你展示四种不同的方法(图 6.38),并向你提出挑战,请你找到其他可以得到三块等大的披萨的切割法。

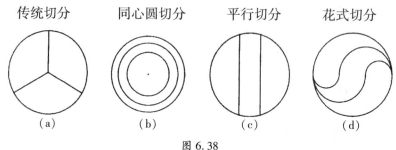

传统切分　　　同心圆切分　　　平行切分　　　花式切分

（a）　　　　　（b）　　　　　（c）　　　　　（d）

图 6.38

传统切分

如果有人真的带着一把量角器去披萨店,他会招来别人的嘲笑,但如果披萨上的奶酪配合的话,他确实能够画出三条合适的半径,将圆形披萨三等分,每一份都是 $\dfrac{360°}{3} = 120°$。他也可以用一根绳子把它绕在披萨周围,再将这根绳子等分成三段,每一段都是周长的三分之一,所以如图 6.39 所示,

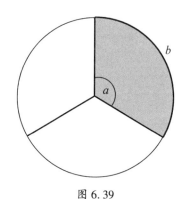

图 6.39

$$b = \frac{C}{3} = \frac{2\pi r}{3}$$

每个人都得到同样大的一片(扇形)。

同心圆切分

当然,这种同心圆切分很难适用于餐厅,但从数学的角度来看,这种切分形式相当有趣。

给定(初始圆 A 的)半径 r。我们必须确定另外两条半径 r_1 和 r_2,使得最内部的圆的面积就等于两个圆环的面积(图 6.40)。

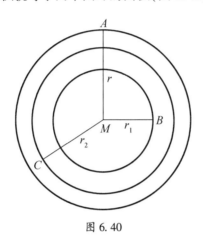

图 6.40

给定:大圆的半径 r。

求:r_1 和 r_2,使图 6.40 中的三部分面积相等。

解:我们的目标是求出半径 r_1 和 r_2 的值(用 r 表示),使得

$$内部圆的面积 = 圆环 BC 的面积 = 圆环 AC 的面积$$

我们首先计算出内部圆的面积 $= \pi r_1^2$。

为了得到内环 BC 的面积,我们将组成这个环的两个圆的面积相减:

$$圆环 BC 的面积 = S_{\odot C} - S_{\odot B} = \pi r_2^2 - \pi r_1^2 = \pi(r_2^2 - r_1^2)$$

我们对外环 AC 重复这一过程:

$$圆环 AC 的面积 = S_{\odot A} - S_{\odot C} = \pi r^2 - \pi r_2^2 = \pi(r^2 - r_2^2)$$

要使三个区域(或三片披萨)的面积相等,必须满足以下等式:

$$\pi r_1^2 = \pi(r_2^2 - r_1^2) = \pi(r^2 - r_2^2)$$

然后全部除以 π,得出以下结果:

$$r_1^2 = r_2^2 - r_1^2 = r^2 - r_2^2$$

由 $r_1^2 = r_2^2 - r_1^2$，我们得出 $2r_1^2 = r_2^2$，因此 $r_2 = \sqrt{2}\,r_1$。

由 $r_2^2 - r_1^2 = r^2 - r_2^2$，我们可以得出 $2r_2^2 - r_1^2 = r^2$。

然后将 r_2 代入该式，得到 $4r_1^2 - r_1^2 = r^2$，因此 $3r_1^2 = r^2$，即 $r_1 = \dfrac{\sqrt{3}\,r}{3}$。

由此可得 $r_2 = \sqrt{2}\,r_1 = \sqrt{2} \times \left(\dfrac{\sqrt{3}\,r}{3} \right) = \dfrac{\sqrt{6}}{3}r$。

花式切分(使用泪滴形状)

我们将使用一些半圆来三等分直径(即将直径分成相等的三段)。

既然你已经对泪滴形状有了一些经验，你在下面可以看到我们是如何用一些半圆弧将整个披萨三等分的。

给定:r。

求:r_1 和 r_2，使线段 AB 被三等分。

解:我们首先求出图 6.41 中显示的泪滴形状的面积:

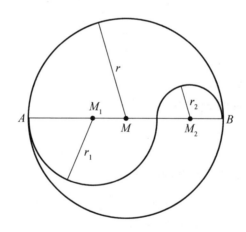

图 6.41

$$r_1 = \frac{2}{3}r\;;\; r_2 = \frac{1}{3}r$$

半圆 M_1 的面积 $= \frac{1}{2}\pi r_1^2 = \frac{1}{2}\pi\left(\frac{2}{3}r\right)^2 = \frac{2}{9}\pi r^2$。

半圆 M_2 的面积 $= \frac{1}{2}\pi r_2^2 = \frac{1}{2}\pi\left(\frac{1}{3}r\right)^2 = \frac{1}{18}\pi r^2$。

半圆 M 的面积 $= \frac{1}{2}\pi r^2$。

泪滴形状的面积 = 半圆 M 的面积 - 半圆 M_1 的面积 + 半圆 M_2 的面积

$$= \frac{1}{2}\pi r^2 - \frac{2}{9}\pi r^2 + \frac{1}{18}\pi r^2 = \frac{1}{3}\pi r^2$$

如果这个泪滴形状的面积是圆面积的三分之一,那么很明显,另一个泪滴形状(在水平直径上方)的面积也必定是圆面积的三分之一。因此,如果这两个泪滴形状的面积占了圆面积的三分之二,那么中间剩余部分的面积也必定是圆面积的三分之一(图 6.42)。

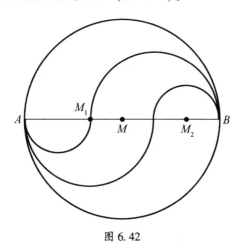

图 6. 42

平行切分

如果找不到披萨的中点(见第一种方法),那么平行切分为我们提供了另一种方法,但它会比预期的要难!(注意:一般读者可能只想看看结果,因为这种方法有点复杂。)

给定:半径为 r 的圆。

求:α 或 h。

解：从图 6.43 应该能明显地看出，如果我们在寻找切两刀的位置，即确定 AB 和 CD 的位置，那我们就必须知道 h 的长度或角 α 的大小。

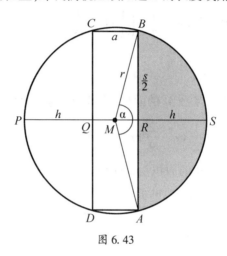

图 6.43

在 $\triangle MRB$ 中，我们得到

$$\sin\frac{\alpha}{2} = \frac{\dfrac{s}{2}}{r} = \frac{s}{2r}，因此 \frac{s}{2} = r\sin\frac{\alpha}{2}，且\ MR^2 = MB^2 - RB^2$$

于是我们得到

$$(r-h)^2 = r^2 - \left(\frac{s}{2}\right)^2 = r^2 - r^2\sin^2\frac{\alpha}{2} = r^2\left(1-\sin^2\frac{\alpha}{2}\right) = r^2\cos^2\frac{\alpha}{2} \quad (*)$$

$$\frac{\text{角度为 }\alpha\text{ 的扇形面积}}{\text{圆的面积}} = \frac{\alpha}{360°}，而这可以写成$$

$$\text{角度为 }\alpha\text{ 的扇形面积} = \frac{\alpha}{360°} \times \text{圆的面积} = \frac{\alpha}{360°} \times \pi r^2$$

使用上面标记为 $(*)$ 的关系，我们得到

$$S_{\triangle ABM} = \frac{1}{2}AB \cdot MR = \frac{1}{2}s(r-h) = \frac{1}{2} \cdot 2r\sin\frac{\alpha}{2} \cdot r\cos\frac{\alpha}{2}$$

$$= r^2\sin\frac{\alpha}{2} \cdot \cos\frac{\alpha}{2}$$

使用倍角公式($\sin 2x = 2\sin x \cos x$)，我们可以将上式进一步简化为①

$$S_{\triangle ABM} = \frac{1}{2}r^2 \cdot \sin \alpha$$

弓形的面积＝角度为 α 的扇形面积－$S_{\triangle ABM}$

$$= \frac{\alpha}{360°} \cdot \pi r^2 - \frac{1}{2}r^2 \cdot \sin \alpha$$

$$= \left(\frac{\alpha}{360°} \cdot \pi - \frac{1}{2} \cdot \sin \alpha \right)r^2$$

这个弓形的面积应为圆面积的三分之一，因此

$$\left(\frac{\alpha}{360°} \cdot \pi - \frac{1}{2} \cdot \sin \alpha \right)r^2 = \frac{1}{3}\pi r^2$$

上式可进一步简化为

$$\frac{\alpha}{360°} \cdot \pi - \frac{1}{2} \cdot \sin \alpha = \frac{1}{3}\pi，由此得到 \sin \alpha = \frac{2\pi\alpha}{360°} - \frac{2}{3}\pi$$

这是一个超越方程，不能用传统方法求解。我们可以使用计算器得到其近似解为 $\alpha = 149.274\ 165\ 4\cdots° \approx 149.3°$。

由于 $r - h = r\cos\dfrac{\alpha}{2}$，因此我们最终得到 $h = r \cdot \left(1 - \cos\dfrac{\alpha}{2} \right) \approx$

0.735 067 915 2r，这差不多就是 $h \approx \dfrac{3}{4}r$。

这样，我们就用四种不同的方式把圆分成了三个相等的部分。你能再找到一种把圆三等分的方法吗？

---

① 如果我们知道三角形的面积可由公式 $S = \dfrac{1}{2}ab\sin\gamma$ 求得，那么也可以直接得到这个结果。——原注

恒定不变的环

有时 π 会起着略微次要的作用。它实际上是被一些非常优雅的技巧抢走了风头。下面的情况就是这样（图 6.44）。大圆的一根弦正好与小圆接触于一点（即与小圆相切）。已知这根弦的长度为 s，求阴影区域（环）的面积。

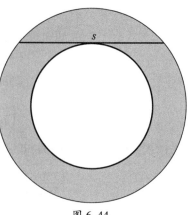

图 6.44

你可能会认为这里没有给出足够的信息，或者说，是否可能用一些不同的方式来表述这里所描述的情况？图

6.45 显示了线段 AB 保持其恒定长度，但圆之间的区域（环）呈现出非常不同的外观。通过观察可以发现，似乎每种构形会在两个圆之间产生不同的面积。令人惊讶的是，事实并非如此。正如我们将要看到的那样，它们都有相同的面积。

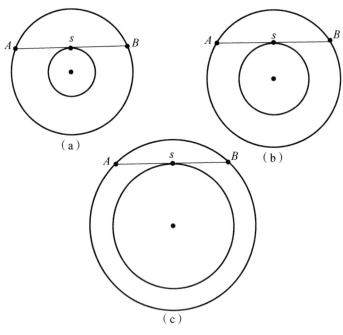

（a）

（b）

（c）

图 6.45

如图 6.46 所示,根据毕达哥拉斯定理:

$$r^2 = (r-h)^2 + \left(\frac{s}{2}\right)^2 = r^2 - 2rh + h^2 + \left(\frac{s}{2}\right)^2$$

因此, $\left(\dfrac{s}{2}\right)^2 = 2rh - h^2$。

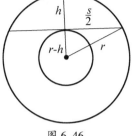

图 6.46

大圆的面积 $= \pi r^2$,

小圆的面积 $= \pi(r-h)^2 = \pi r^2 - 2\pi rh + \pi h^2$,

环的面积 $=$ 大圆的面积 $-$ 小圆的面积 $= \pi r^2 - (\pi r^2 - 2\pi rh + \pi h^2)$

$= 2\pi rh - \pi h^2 = \pi(2rh - h^2)$。

我们将根据毕达哥拉斯定理所得的结果代入上式,得到

$$环的面积 = \pi\left(\frac{s}{2}\right)^2$$

因此,环的面积实际上只取决于弦的长度 s,当然,π 像通常那样,扮演着有用的角色!

尽管两个圆的直径都没有给出,但这个问题仍然有唯一解。因此,我们可以让较小的圆变得非常小,小到它的直径基本为零。

此时环只由大圆(或外圆)构成,那么其直径就是这根弦($2r = s$)。

环的面积现在可以简单地使用圆面积公式来计算:

$$环的面积 = \pi r^2 = \pi\left(\frac{s}{2}\right)^2$$

恒定不变环的扩展

我们将考虑另一种情况，它可以被视为环面积的一种扩展。我们仍然取一根特定(恒定)长度的弦，这一次不是在大圆内有一个同心圆，而是有一个与大圆相切的圆，当然，和之前一样，它与给定的线段相切。

首先，我们注意到，作这样一个圆 c 无疑有很多不同的可能性，如图 6.47 所示。

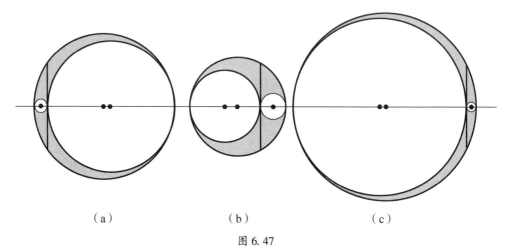

（a） （b） （c）

图 6.47

我们作一个半径为 r 的圆 c，使一条长度为 t 的给定线段为这个圆的一根弦(图 6.48)。

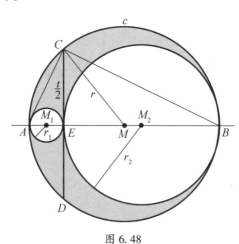

图 6.48

此外,我们分别作半径为 r_1 和 r_2 的两个内切圆。

由图中所示的六个半圆弧构成的阴影区域的面积是多大?

应用毕达哥拉斯定理,有多种方法可以建立切线段与这两个内切圆的半径之间的关系,见表 6.2。

表 6.2

对 Rt△EMC 应用毕达哥拉斯定理	Rt△ABC 的高 CE 与斜边上的 AE、BE 的比例中项	两条相交弦所构成的 4 条线段之间的乘积
$MC^2 = ME^2 + CE^2$	$CE^2 = AE \cdot BE$	$CE \cdot DE = AE \cdot BE$
$r^2 = (r - 2r_1)^2 + \left(\dfrac{t}{2}\right)^2$	$\left(\dfrac{t}{2}\right)^2 = 2r_1 \cdot 2r_2$	$\left(\dfrac{t}{2}\right)^2 = 2r_1 \cdot 2r_2$
$r^2 = r^2 - 4rr_1 + 4r_1^2 + \dfrac{t^2}{4}$	$\dfrac{t^2}{4} = 4r_1 r_2$	$\dfrac{t^2}{4} = 4r_1 r_2$
$t^2 = 16 r_1 (r - r_1)$,而	$t^2 = 16 r_1 r_2$	$t^2 = 16 r_1 r_2$
$r - r_1 = r_2$(原因在下文中解释)		
$t^2 = 16 r_1 r_2$		

所有这三种情况都得出

$$t^2 = 8 \cdot 2r_1 r_2,\text{而这又可以写成} \frac{t^2}{8} = 2r_1 r_2$$

我们知道,图中最大圆 c 的直径可以表示为 $2r = 2r_1 + 2r_2$,所以我们得到 $r = r_1 + r_2$,也可写成 $r_2 = r - r_1$。

我们用最大圆 C 的面积减去两个较小圆 M_1 与 M_2 的面积,就可以求出阴影区域的面积。计算过程如下:

$$
\begin{aligned}
\text{阴影区域面积} &= S_{\odot C} - S_{\odot M_1} - S_{\odot M_2} \\
&= \pi r^2 - \pi r_1^2 - \pi r_2^2 = \pi(r^2 - r_1^2 - r_2^2) = \pi[r^2 - r_1^2 - (r - r_1)^2] \\
&= \pi(-2r_1^2 + 2rr_1) = 2\pi r_1(r - r_1) = 2\pi r_1 r_2
\end{aligned}
$$

而我们在上面已经确定了 $\dfrac{t^2}{8} = 2r_1 r_2$,因此,我们将其代入上式得到

$$\text{阴影区域面积} = S_{\odot C} - S_{\odot M_1} - S_{\odot M_2} = \pi \frac{t^2}{8}$$

这表明这一面积与圆 c 的半径 r 无关。

如果我们让任何圆通过长度为 t 的线段的两端，那么阴影的圆弧图形总是具有相同的面积。请将其与后续要讨论的阿贝洛斯进行比较。

丢失的圆面积

假设你有四根长度相等的绳子。用**第一根绳子**围成一个圆。将**第二根绳子**切成相等的两段,围成两个全等的圆。将**第三根绳子**切成相等的三段,围成三个全等的圆。用类似的方式,将**第四根绳子**围成四个全等的圆。

图 6.49 展示了整个过程。请注意,每一组中的几个全等圆的周长之和是相等的(因为我们对每组圆使用了相同长度的绳子)。

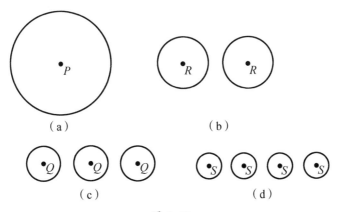

（a） （b） （c） （d）

图 6.49

表 6.3

圆	直径	每个圆的周长	这些圆的周长之和	每个圆的面积	这些圆的面积之和	较小圆的面积之和占圆 P 面积的百分比/%
P	12	12π	12π	36π	36π	100
R	6	6π	12π	9π	18π	50
Q	4	4π	12π	4π	12π	$33\frac{1}{3}$
S	3	3π	12π	2.25π	9π	25

仔细观察表 6.3 就会发现,每组圆的周长之和是相等的,但面积之和却大不相同。我们用总长度相等的绳子围成的圆越多,这些圆的总面积就越小。这正是你**意想不到**的事情!

也就是说，当围成两个全等的圆时，这两个圆的总面积是大圆的一半。同样，当围成四个全等的圆时，这四个圆的总面积是大圆面积的四分之一。

这似乎有悖于我们的直觉。然而，如果我们考虑一个更极端的情况，比如说围成一百个较小的全等圆，我们就会看到每个圆的面积变得非常小，这一百个圆的面积之和是大圆面积的一百分之一。

尝试解释一下这个相当出人意料的现象。这应该会带给你一个有趣的视角来进行面积的比较。

如果用这根绳子围成的各个圆大小不相等，那又会发生什么？尝试利用上面的论证，看看你最终是否会得到一个类似的结果。

圆的不寻常关系

π 的概念巧妙地嵌入了圆的计算中。有时，它只是起到一个附带的作用，就像在圆的一些迷人的关系中那样，这些关系我们已经知道 2000 多年了。

阿基米德提出了一些关于圆的相当惊人的几何现象。它们展示了他对 π 这一概念的直觉能力，哪怕他并没能像我们今天这样精确地计算出它。

我们提供两个这样的例子，只是为了让你对圆的一些不同寻常的关系产生兴趣。

阿贝洛斯（Arbelos）①或鞋匠的刀，是通过画三个半圆得到的，其中两个较小半圆置于第三个大半圆的直径上。两个较小的半圆可以是任何大小，只要它们的直径之和等于第三个大半圆的直径，即 $AP+PB=AB$（图 6.50）。阿基米德所说的是，这三个半圆之间的面积（无阴影）等于以 PQ 为直径的那个圆的面积。请注意，PQ 是过两个较小半圆的交点 P 对 AB 所作的垂线段，它与大半圆的交点为 Q。

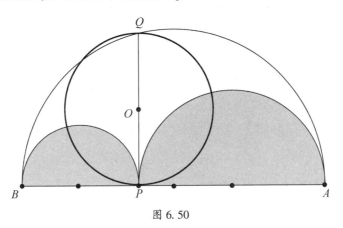

图 6.50

这是很容易证明的。我们只需要回忆初等几何中的一条定理，即直角三角形斜边上的高是斜边上两条线段的比例中项。也就是说，PQ 是

---

① "arbelos"是希腊语，意即"鞋匠的刀"。——译注

AP 和 PB 的比例中项，即 $\dfrac{AP}{PQ} = \dfrac{PQ}{PB}$。如图 6.51 所示设两个较小半圆的半径分别为 a 和 b，这样就得到

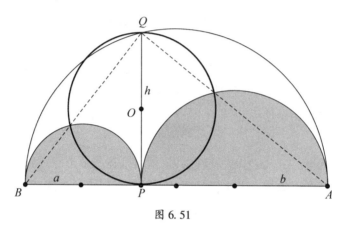

图 6.51

$h^2 = 2a \cdot 2b = 4ab$，因此 $h = 2\sqrt{ab}$

首先，我们要求这三个半圆所围区域的面积。做法是求出大半圆的面积，然后从该面积中减去两个较小半圆的面积。

$$三个半圆所围区域的面积 = \frac{\pi}{2}(a+b)^2 - \frac{\pi}{2}a^2 - \frac{\pi}{2}b^2$$

$$= \frac{\pi}{2}(a^2 + 2ab + b^2 - a^2 - b^2)$$

$$= \frac{\pi}{2} \cdot 2ab$$

$$= \pi ab$$

其次，求直径为 PQ 的圆的面积

$$\pi\left(\frac{h}{2}\right)^2 = \pi(\sqrt{ab})^2 = \pi ab$$

因此这两个面积是相同的。

阿基米德发现并发表的另一个巧妙的关系叫作**萨利农**（Salinon[1]）。

———————————

① "salinon" 是希腊语，意思是"盐瓶"。——译注

这个关系指出，由四个半圆[图 6.52(a)]围成的阴影区域的面积（其中 $AB = EF$）等于直径为 PS 的圆的面积，这里 PS 是过 R 对 AF 所作的垂线段，并且其两端在两个半圆上。接下来的几个图形（图 6.52）通过各种不同的几何排布来展示这一点。

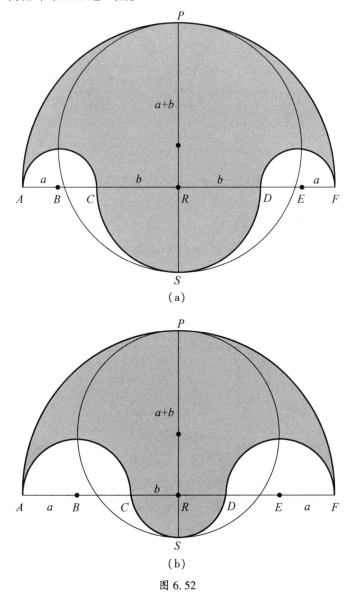

（a）

（b）

图 6.52

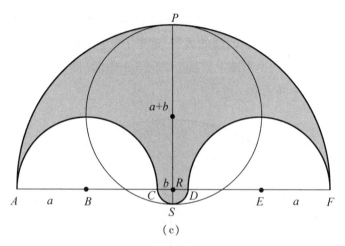

（c）

图 6.52

请将每种情况下的阴影区域面积与圆面积进行比较。

请注意，图 6.52（c）所示的几何排布接近阿贝洛斯的一种特殊情况，此时底部的小半圆几乎消失了。

为了证明阿基米德的结果，我们用直径为 AF 的大半圆面积减去半径为 $EF=AB=a$ 的两个相等半圆的面积，然后再加上半径为 $CR=b$ 的半圆的面积。

$$
\begin{aligned}
\text{阴影区域的面积} &= \left[\frac{1}{2}\pi(2a+b)^2 - \pi a^2\right] + \frac{1}{2}\pi b^2 \\
&= \left[\frac{1}{2}\pi(4a^2+4ab+b^2) - \pi a^2\right] + \frac{1}{2}\pi b^2 \\
&= \pi(a^2+2ab+b^2) \\
&= \pi(a+b)^2
\end{aligned}
$$

直径为 PS 的圆的面积为 $\pi(a+b)^2$，因此两者是相等的，而不管这些半圆的相对大小如何。阿贝洛斯和萨利农是两种真正美妙的关系，因为它们与相对大小无关。请想象一下，阿基米德是在没有我们如今所拥有的工具和经验的条件下发现这些关系的。

π 和虚数单位 i

在说了这么多、做了这么多之后，我们还将看到，π 在数学中还有帮助解释某些概念的作用。你可能还记得，虚数是包含 $i=\sqrt{-1}$ 的数。不过，i^i 也是一个虚数吗？要回答这个问题，我们就需要 π。对数学具有好奇心的读者应该能够看懂下面的证明。对于那些不那么有好奇心的读者，我们只需要说，我们能够（在 π 的帮助下）证明 i^i 是一个实数，而不是人们可能料想的那样是一个虚数。

其证明如下：

当 $x=\dfrac{\pi}{2}$ 时，我们由 $e^{ix}=\cos x+i\cdot\sin x$，得到

$$e^{i\cdot\frac{\pi}{2}}=\cos\frac{\pi}{2}+i\cdot\sin\frac{\pi}{2}=0+i=i$$

由此得到

$$i=e^{i\cdot\frac{\pi}{2}}$$

由此得到

$$i^i=(e^{i\cdot\frac{\pi}{2}})^i=e^{-\frac{\pi}{2}}=\frac{1}{\sqrt{e^\pi}}=0.207\,879\,576\,351\cdots①$$

因此，i^i 是一个实数！

1746 年，欧拉证明了 i^i 可以取无穷多个值，所有这些值都是实数。

例如，$i^i=e^{-\left(\frac{\pi}{2}+2k\pi\right)}$，其中 $k\in\mathbf{Z}$（$\mathbf{Z}$ = 所有整数构成的集合）。当 $k=0$ 时，$i^i=e^{-\frac{\pi}{2}}=\dfrac{1}{\sqrt{e^\pi}}=0.207\,879\,576\,351\cdots$。

我们已经讨论了 π 的各种各样的应用。有些是现实生活中的各种

———————

① 若取 $x=-\dfrac{3\pi}{2}$，则可得 $i^i=(e^{-\frac{3\pi}{2}})^i=e^{\frac{3\pi}{2}}=111.317\,778\,489\,856\cdots$，等等。可见 i^i 是多值的。参见冯承天著，《从代数基本定律到超越数：一段经典数学的奇幻之旅》，华东师范大学出版社，2019。——译注

应用,另一些则是利用了圆的一些应用。你现在认识到,π 可以被视为一个具有特殊性质的数,或者作为定义了它的那个比值。在后一种情况下,我们谈论的是圆。在前一种情况下,我们看到在数学中看似不相关的一些概念之间,种种永恒存在的相互关系浮现了出来。

第7章 π中的悖论

悖论是一种看似矛盾的说法,但它可能是正确的。在几何学中,悖论以多种形式出现。下面就是一个这样的例子。如图7.1(a)所示,考虑四个全等的圆形物体,用一根弹性绳绑在一起。然后将这些圆移动到图7.1(b)所示的位置。弹性绳在哪种情况下比较长?

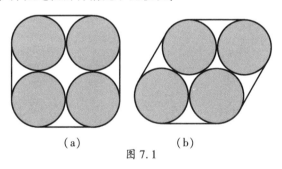

（a） （b）

图 7.1

如果我们看一下图7.2(a)和7.2(b),就会注意到在每幅图中,弹性绳都包含四条线段和四段圆弧,其中每条线段都等于圆的直径。因此,唯一需要比较的是圆弧的长度。

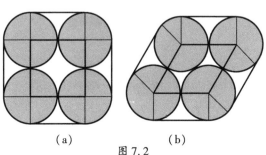

（a） （b）

图 7.2

在图 7.2(a) 中,四个圆弧各为四分之一圆。因此,我们要比较的弹性绳(四段四分之一圆弧)等于圆的周长(我们需要可靠的 π 来确定它的长度)。图 7.2(b) 中的弹性绳所形成的各段弧分别与图形中间菱形①的一个角互补。然而,菱形(和任何四边形一样)的内角之和为 360°。因此,弹性绳所形成的四段弧的总和也必定是完整的 360°,因此我们要比较的弹性绳长度就等于圆的周长。瞧,这两根弹性绳的长度是一样的。表面现象是会使人上当的!

---

① 菱形是四条边都相等的四边形。正方形是一种特殊的菱形。——原注

滚动的圆柱——π 的旋转

重物通常会用滚轴来运输,滚轴与被运输的物体之间并不连接在一起(图 7.3)。使用不与被运输物体相连的滚轴有什么好处呢?

如果直径为 1 英尺的滚轴绕着自己的轴旋转了一周,那么被运输的物体向右移动了多远?你可能会认为物体移动了一周的距离,或者说移动了圆的周长,在本例中就是 π 英尺。

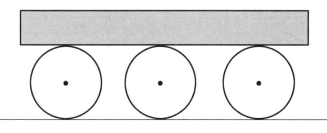

图 7.3

解释物体在滚轴上运动的最简单、也许也是最优雅的方法是这样的:滚轴每转一周移动 π 英尺,物体也相对于滚轴移动 π 英尺。因此,物体相对于地面移动 2π 英尺。我们只需将两个距离相加即可(图 7.4)。

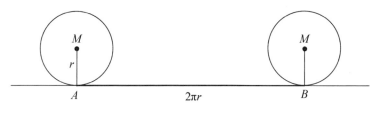

图 7.4

当我们考虑两个全等圆盘时,情况会变得更加复杂(但类似)。考虑一个圆盘绕着另一个圆盘滚动。当运动的圆盘绕静止的圆盘运动一周时,它转过了多少圈?你可能会猜测,由于它们的周长相等,因此移动的圆盘也会转过一圈。错!它转过了两圈。

用两枚大硬币来试一下。如图 7.5 所示,分别标记它们的起始位置,然后注意一下当运动的硬币绕静止的硬币转了一半时,运动的硬币转过了多少圈。

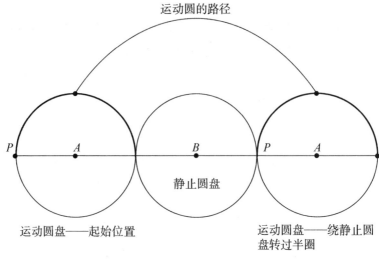

运动圆的路径

静止圆盘

P　　A　　　　B　　　P　　A

运动圆盘——起始位置　　　　　运动圆盘——绕静止圆
　　　　　　　　　　　　　　盘转过半圈

图 7.5

你会注意到,当移动的硬币回到起始位置时,它已经转了两圈。

同心圆中的一个常数

圆周长与其直径之比为 π，这个现在已经很著名的比值还很好地表现为一个将两个或多个同心圆联系起来的常数。

请考虑以下问题：

两个同心圆相距 10 个单位，如图 7.6 所示。这两个圆的周长之差是多少？

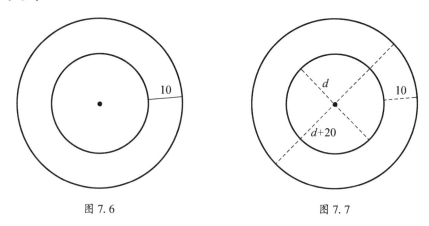

图 7.6   图 7.7

解决这个问题的传统直接方法是求出这两个圆的直径，然后求出每个圆的周长，我们只需要将它们相减就能得到它们的差。由于题中没有给出这两个圆的直径的长度，问题要复杂一点。用 d 表示小圆的直径。则 $d+20$ 是大圆的直径（图 7.7）。[①] 于是这两个圆的周长分别为 πd 和 $\pi(d+20)$。

于是周长之差为 $\pi(d+20) - \pi d = 20\pi$。

一种更优雅、更引人注目的方法是使用极端情况。为此，我们让这两个圆中较小的一个变得越来越小，直到它达到"极小"，成为一个"点"。[②] 在这种情况下，这个缩小成一个点的圆会成为较大圆的圆心，而两个圆之

---

① 即小圆的直径 d 加上两个圆之间的距离 10 的两倍。——原注
② 我们可以这样做，是因为这两个圆的大小都没有给定，所以只要我们保持它们的距离为 10，就可以考虑将这两个圆取位任何方便的大小。——原注

间的距离现在就变成了较大圆的半径。要求的两个圆的周长之差就是较大圆的周长[1]，即 20π。

尽管这两个过程得出了相同的答案，但请注意，在传统的解答过程中要实际计算两个圆的周长之差，这就需要更大的工作量，而且请注意这种考虑极端情况的想法（在不损害任何一般性的情况下），使我们将问题简化成了相对容易的情况。

我们也可以在不被这两个圆的同心放置所"分心"的情况下去看待这个问题。我们要求的是这两个圆的周长之差 C_2-C_1，其中 $C_1=\pi d_1$，$C_2=\pi d_2$。因此 $C_2-C_1=\pi d_2-\pi d_1=\pi(d_2-d_1)$。这个结果用语言来表述，就是我们已证明了这两个圆的周长之差等于 π 乘它们的直径之差。另一种叙述方式是，它们的周长之差与直径之差的比值为 π。

---

① 因为小的圆的周长为 0。——原注

一根绕赤道一周的绳子

我们即将开始讲述一个惊人的悖论。我们将证实一个你可能在直觉上无法接受的"事实"。在开始之前,让我们假设地球是一个完美的球体——只是为了让我们的工作更容易一点。我们首先绕着地球赤道(拉紧地)放置一根假想的绳子。并假设地球沿着赤道的表面是光滑的。我们现在将这根绳子正好加长 1 米。绳子现在松了。让我们把绳子放在每一处离地球表面都等距的地方,如图 7.8 所示。我们的问题是:一只老鼠能很容易地钻过绳子与地球表面之间的间隙吗?你觉得呢?答案肯定会让你大吃一惊。

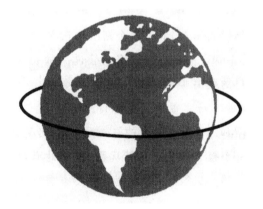

图 7.8

这个问题不是我们最先提出的。这个"经典"问题首次出现在杜德尼(Henry Ernest Dudeney)的文章《悖论派对:讨论一些古怪的谬论和脑筋急转弯》①中:

　　坐在桌子末端的主管斯穆思利(Smoothly)先生这时说,他有一个小问题要问。

---

① *The Strand Magazine. An Illustrated Monthly*, ed. George Newnes, 38, no. 228 (December 1909): 670–76; *Amusements in Mathematics* (London: Thomas Nelson and Sons, 1917; reprint, New York: Dover, 1970), p. 139. ——原注

"假设地球是一个表面光滑的完美球体,绕着赤道放置一条钢带,使其每一点都与赤道接触。"

"我可以在四十分钟内环绕地球一周,"乔治(George)喃喃自语,引用了《仲夏夜之梦》中浦克的话。①

"现在,如果将钢带加长六码②,假设钢带与地球之间的距离处处相等,那么现在钢带与地球的距离会是多少?"

"相对于这么大的一个长度,"奥尔古德(Allgood)先生说,"我想这段距离不值得一提。"

"乔治,你觉得怎么样?"斯莫斯利先生问道。

"好吧,如果不经过计算的话,我想这应该会是一英寸③的极小部分。"

雷金纳德(Reginald)和菲尔金斯(Filkins)先生持相同意见。

"我想你们都会感到惊讶的,"主管说,"加长这六码会使钢带各处与地球的距离非常接近一码!"

"非常接近一码。"每个人都惊讶地喊道,但斯莫斯利先生说得很对。增加的长度与钢带的原长无关,钢带可能围绕地球,也可能围绕一个橙子。在任何情况下,加长的六码会使各处的距离都接近一码。这很容易让那些不用数学方式思考的人感到惊讶。

当我们开始解这个问题时,我们会假设地球是一个完美的球体④,而且为了简单起见,我们假定赤道的长度恰好是 40 000 千米。我们甚至会比上面讲的故事更极端,因为我们只会将绳子加长 1 米。

在开始之前,你猜测的答案会是什么? 请记住,我们的绳子原来长

---

① 《仲夏夜之梦》(*A Midsummer Night's Dream*) 是英国剧作家莎士比亚(William Shakespeare,1564—1616)创作的一部喜剧,浦克(Puck)是剧中在半夜里出现的小精灵。——译注

② 1 码≈0.9144 米。——译注

③ 1 英寸≈2.54 厘米。——译注

④ 事实上,地球是一个重力等位面,而不是一个完美的球体。——原注

40 000 千米,是绕着赤道拉紧的,现在它被加长了 1 米,长度是 40 000.001 千米,并且在赤道上方等距放置。如果你对老鼠能从这根绳子下方钻过感到怀疑,那么你认为我们可以把一支铅笔从这根绳子下方塞过去吗?

让我们来考虑图 7.9。

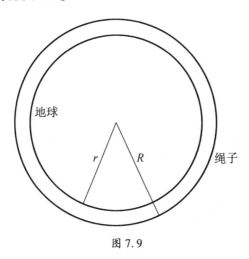

图 7.9

由我们熟悉的圆周长公式得到

$$C = 2\pi r, \text{即 } r = \frac{C}{2\pi}$$

以及

$$C + 1 = 2\pi R, \text{即 } R = \frac{C+1}{2\pi}$$

我们需要求出这两条半径之差,即

$$R - r = \frac{C+1}{2\pi} - \frac{C}{2\pi} = \frac{1}{2\pi} \approx 0.159(\text{米}) \approx 16(\text{厘米})$$

绳子和地球表面之间实际上有大约 16 厘米的空隙,你能想象吗?因此,有足够的空间(约 16 厘米)让老鼠从下面爬过去了。

你一定很欣赏这个惊人的结果。想象一下,40 000 千米长的绳子仅仅加长 1 米,就会把它从赤道上抬起大约 16 厘米!

请考虑上面图示的那个原始问题。你应该意识到,它的解与地球赤道的周长无关,因为最终的计算结果中没有出现周长。它只需要计算出 $\dfrac{1}{2\pi}$。在这里,你可以再次看到即使圆的大小已经消失,π 仍然牵涉其中。

我们可以不选择地球,而是选择一个苹果、一个乒乓球,甚至一个圆盘,比如一美元硬币或一美分硬币。将一根比苹果周长(或硬币周长)长 1 米的线同心地缠绕在苹果(或硬币)上(图 7. 10)。这根线离苹果表面(或者离硬币边缘)有多远?

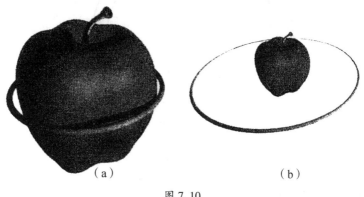

(a)   (b)

图 7. 10

设 r 为苹果的半径,那么 $r+a$ 就是线构成的圆的半径(增长了 1 米时)。

(1) 线的长度=苹果的周长+1=$2\pi r+1$。

(2) 线的长度=$2\pi(r+a)$。

当 $2\pi r+1=2\pi(r+a)=2\pi r+2\pi a$ 时,我们再次得到 $1=2\pi a$,这给出了 $a=\dfrac{1}{2\pi}$。正如预期的那样,我们得到了与之前相同的结果 $a\approx0.159$(米)$\approx$ 16(厘米)。这再次强调了在这种情况下,所得的结果与苹果的半径无关。

(地球、苹果或乒乓球的)这种半径或周长的独立性在这里得到了特别的证实。

距离 a 仅取决于所选的伸长量(1 米),当然也取决于我们可靠的 π。

你可能会觉得有必要做一次这样的实验(例如,用硬币、乒乓球或篮球),于是也能使那些怀疑论者心服口服。

通过考虑极值这一有用的解题技巧来解决这个问题,我们可以进一步利用这种无关性。假设我们将原来的圆尽可能缩小。让我们更进一步,将它缩小为一个点。在这种情况下,绳子构成的圆的半径长度就是我们要求的距离,并且很容易得到。

结果仍然是一样的。在我们现在的问题中,1 米的伸长量本身就是该圆的周长,它的半径就是我们要求的距离 a。

使用这种技术,我们假设内部的圆(图 7.11)非常小,以至于它的半径长度为零(这意味着它实际上只是一个点)。我们需要求出这两个圆的半径之差,$R-r=R-0=R$。

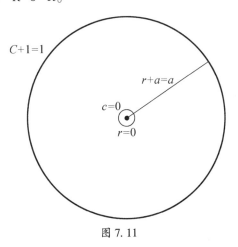

图 7.11

因此,只需要求出较大圆的半径长度,我们的问题就会得解。现在小圆的周长为 0,我们将圆的周长公式应用于大圆:

$$C+1=0+1=2\pi R,因此 R=\frac{1}{2\pi}$$

这个问题有两个令人愉快的小小宝藏。首先,它揭示了一个惊人的结果,这在一开始显然是预料不到的,其次,它为你提供了一个很好的解题策略,可以作为供未来使用的一个有用的模型。

这个结果有时会导致人们重复他们的计算,看看自己是否真的对最初的问题判断错误,或者是否真的不能信赖自己的直觉。对许多人来说,这是一个悖论,因为这个结果与地球半径无关。但这个结果又依赖于 π。

这个看似矛盾但又正确的结果也可以用以下方式表示：两个半径分别为 R 和 r 的同心圆之间的距离为 a，它们的周长之差为

$$C_2 - C_1 = 2\pi R - 2\pi r$$

而 $R = r + a$。因此，

$$C_2 - C_1 = 2\pi R - 2\pi r = 2\pi(r+a) - 2\pi r = 2\pi r + 2\pi a - 2\pi r = 2\pi a$$

请注意圆的周长之差的这个"公式"和圆的周长公式之间的相似性。两者都依赖于 π。

为了更好地（或更深入地）理解对 π 的这种不寻常的依赖性，请考虑图 7.12，其中的两个圆周都被"展开"以形成直线。

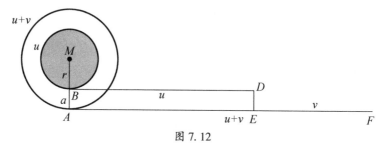

图 7.12

考虑到一个圆的周长大约是其半径的 6 倍（因为 $2\pi \approx 6$），这可能有助于叙述手头的问题。于是我们就可以将半径视为周长的六分之一。因此，半径 MA 是圆周 AF 的长度的六分之一，半径 MB 是 BD 长度的六分之一。由此可得，两条半径之差 a（或 AB）也是周长之差 EF 的六分之一。

AB 的长度仅取决于两个圆的周长之差，而不取决于两个圆各自的周长。无论 AF 和 BD 有多长（或多短），当它们的差 EF 恰好为 1 米长时，它们的半径之差 AB 约为 $\frac{1}{6}$ 米长，或者说约为 17 厘米长。当 BD 和 AF 分别表示赤道长度和加了 1 米的绳子长度时，这也成立。

假设我们选择了一个正方形而不是（赤道）圆。我们可以研究一种类似的情况，这可能会进一步阐明这种不寻常的情况。①

---

① 提出这一建议的是 Heinrich Winter, *Entdeckendes Lernen*. （Wiesbaden/ Braunschweig: Vieweg, 1991），p. 163。——原注

绕着一个正方形放置一根绳子。这根正方形绳子的周长比原正方形的周长长 1 米,放置时使两个正方形的各边平行且各处等距。

绳子离正方形各边的距离 a 是多少? 这个问题与前面的圆的问题类似,我们将各项数据列在表 7.1 中。

表 7.1

	边长	周长
原正方形	s	$4s$
绳子正方形	$s+2a$	$4(s+2a)$

图 7.13 清楚地表明,绳子长度多出的 1 米是由同样长的八段组成的,它们在拐角处交接,并且它们的长度与两个正方形各平行边之间的距离完全一样。因此,正方形各平行边之间的距离必定为 1 米的 $\frac{1}{8}$,即 0.125 米或 12.5 厘米。

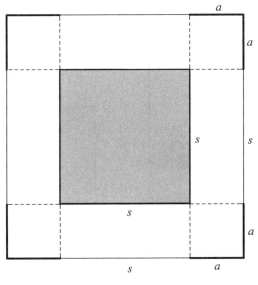

图 7.13

两个正方形之间的距离 a 也与初始正方形的大小无关。它仅仅是绳

子与正方形周长之差的 $\frac{1}{8}$。请回忆一下,之前两个同心圆之间的距离也

是它们的周长之差的常数倍 $\left(\frac{1}{2\pi}倍\right)$。这两个常数有何可比性?让我们

考虑其他正多边形的类似情况。

我们也可以使用等边三角形或更一般地使用任何正多边形来代替正方形,并设法求出加长 1 米后的绳子与多边形各边之间的距离。

绕着一个正多边形放置一根比该正多边形周长长 1 米的绳子。绳子被摆放成一个相似正多边形,并且使原多边形各边分别平行于绳子多边形的各对应边。

绳子离多边形各边的距离 a 是多少?更准确地说,两个多边形的各平行边之间的距离是多少?这会随着正多边形的边数而变化。请观察下面的结果。(详细计算见附录 D。)

对于三条边的正多边形(即等边三角形,图 7.14)

$$a \approx 0.096(米) = 9.6(厘米)$$

对于四条边的正多边形(即正方形,图 7.15)

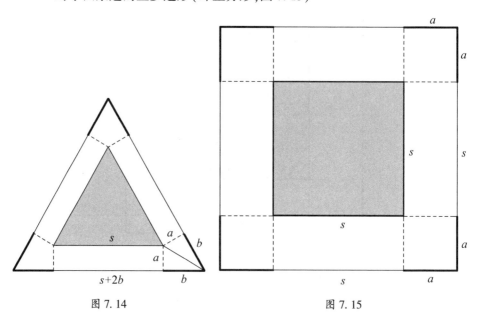

图 7.14　　　　　　　　　　　　　图 7.15

$$a \approx 0.125(\text{米}) = 12.5(\text{厘米})$$

对于正五边形(图 7.16),

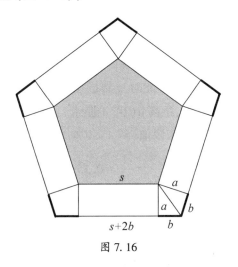

图 7.16

$$a \approx 0.138(\text{米}) = 13.8(\text{厘米})$$

对于正六边形(图 7.17),

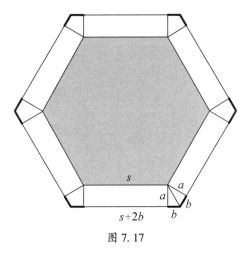

图 7.17

$$a \approx 0.144(\text{米}) = 14.4(\text{厘米})$$

请注意 a 的值,即加长 1 米的绳子与正多边形之间的距离,是如何随着正多边形边数的增加而增加的。你预计 a 的最大值是多少? 一个边数为极大的正多边形可以视为一个接近圆的多边形。所以我们预计 a 会逐渐变大，直到它达到我们对圆所得到的值，约 15.9 厘米。

正多边形的边数越多，两个相似多边形之间的间距 a 就越大。a 会无限增大吗？无疑，这个距离 a 绝不会比一个圆的情况下的距离更大。

当边数 n 变得无穷大时，我们就得到了周长（在这种情况下就是一个圆的周长）的极限值 $C = 2\pi r$。此时 π 再次出现了。

在正六边形的情况下，距离 a（14.4 厘米）已经相对接近我们之前由圆（绕赤道的绳子）得到的极限值（约 15.9 厘米）：

$$\lim_{n \to \infty} \frac{1}{2n\tan\dfrac{\pi}{n}} = \frac{1}{2\pi} = 0.159\ 154\ 94\cdots$$

而 $\quad a = \dfrac{1}{2\pi} = 0.159\ 154\ 943\ 0\cdots \approx 0.159（米）\approx 16（厘米）$

对于 $n = 3, 4, \cdots, 24$，我们得到两个 n 边形的相应平行边之间的距离如表 7.2 所示：

表 7.2

n	a 的准确值	a 的近似值
3	$\dfrac{\sqrt{3}}{18}$	0.096 225 045
4	$\dfrac{1}{8}$	0.125
5	$\sqrt{\dfrac{\sqrt{5}}{250} + \dfrac{1}{100}}$	0.137 638 192
6	$\dfrac{\sqrt{3}}{12}$	0.144 337 567
7	$\dfrac{\cot\dfrac{\pi}{7}}{14}$	0.148 322 957
8	$\dfrac{\sqrt{2}}{16} + \dfrac{1}{16}$	0.150 888 348
9	$\dfrac{\cot\dfrac{\pi}{9}}{18}$	0.152 637 634

n	a 的准确值	a 的近似值
10	$\sqrt{\dfrac{\sqrt{5}}{200}+\dfrac{1}{80}}$	0. 153 884 177
11	$\dfrac{\cot\dfrac{\pi}{11}}{22}$	0. 154 803 965
12	$\dfrac{\sqrt{3}}{24}+\dfrac{1}{12}$	0. 155 502 117
13	$\dfrac{\cot\dfrac{\pi}{13}}{26}$	0. 156 044 596
14	$\dfrac{\cot\dfrac{\pi}{14}}{28}$	0. 156 474 51
15	$\dfrac{\cot\dfrac{\pi}{15}}{30}$	0. 156 821 004
16	$\sqrt{\dfrac{\sqrt{2}}{512}+\dfrac{1}{256}+\dfrac{\sqrt{2}}{32}+\dfrac{1}{32}}$	0. 157 104 359
17	$\dfrac{\cot\dfrac{\pi}{17}}{34}$	0. 157 339 044
18	$\dfrac{\cot\dfrac{\pi}{18}}{36}$	0. 157 535 606
19	$\dfrac{\cot\dfrac{\pi}{19}}{38}$	0. 157 701 88
20	$\sqrt{\dfrac{\sqrt{5}}{800}+\dfrac{1}{320}+\dfrac{\sqrt{5}}{40}+\dfrac{1}{40}}$	0. 157 843 788
21	$\dfrac{\cot\dfrac{\pi}{21}}{42}$	0. 157 965 869
22	$\dfrac{\cot\dfrac{\pi}{22}}{44}$	0. 158 071 654

（续表）

n	a 的准确值	a 的近似值
23	$\dfrac{\cot\dfrac{\pi}{23}}{46}$	0. 158 163 92
24	$\dfrac{\sqrt{2}}{48}+\dfrac{\sqrt{3}}{48}+\dfrac{\sqrt{6}}{48}+\dfrac{1}{24}$	0. 158 244 877

这样就变得很明显了，为什么在圆的情况下，我们无法凭直觉直接理解距离 a。这可能是由无穷这一情况造成的：如果我们要遵循刚才考虑的那些多边形模型，（绕赤道）的绳子的 1 米伸长量就必须被切割成"无穷多"段。

我们可以通过这种不依赖于圆的大小的概念来获得一些乐趣，它只依赖我们的朋友 π。这一次，我们不是像之前那样绕着赤道在地球表面上方 16 厘米处放置绳子，而是要绕着赤道建造一条假想的铁路轨道。不过，内侧那根铁轨会接触赤道表面，而外侧那根铁轨则会悬浮在赤道上方的空中（这条铁路轨道垂直于地球表面）。

如果内侧铁轨的长度恰好为 40 000 000 米，那么外侧铁轨比内侧铁轨长多少米？

我们会用 a 来表示两条铁轨之间的距离。这里的 a = 1. 46 米（图 7. 18）。

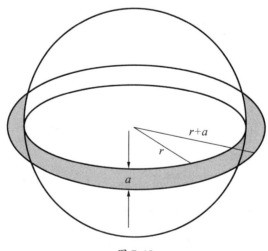

图 7. 18

根据前面的那些例子,你可能已经能够预测这里会得到的结果。答案在多大程度上取决于赤道的长度?

我们知道赤道的周长(c)(就我们的目的而言)是 40 000 000 米,铁轨之间的距离(a)是 1.46 米。我们要设法求出轨道的两条周长之差异:$C-c$,其中 C 是外侧铁轨的周长。

$C-c=2\pi(r+a)-2\pi r=2\pi a$,你会再次注意到它与两个圆的大小无关。为了求出两条铁轨的长度之差,我们只需要将 2π 乘 1.46,后者即 a 的值。结果是 9. 173 450 548 482 196 231 6…≈9.17(米)。如果我们选择任何其他球体而不是地球,结果都是一样的(9.17 米)。这可能很难接受,但无论如何,我们对 π 的信任从来没有辜负过我们!

如果你沿着赤道(40 000 000 米)行走,并提出这样一个问题:如果你身高 1.8 米,那么你的头经过的距离会比你的脚经过的距离多多少?

著名小说家凡尔纳(Jules Verne)笔下的一个角色试图计算,在一次世界旅行中,身体的哪些部位旅行得更远——头还是脚?这就是我们在这里要求的。

根据前面的那些例子,我们可以知道此题的答案同样与步行的距离无关。相反,它依赖于 π。我们只需要把这个人的身高(在本例中是 1.8米)乘 2π 就能得到答案:11. 309 733 552 932 325 552…≈11.31(米)。

因此,在沿着赤道的徒步旅行中,头会比脚多旅行将近 11.5 米。当考虑到以下情况时,结果与(地球)半径无关这一事实会变得更加明显。

　　一名身高 1.80 米的男子绕地球赤道行走一圈,也绕太空中的圆柱形太空舱(周长 20 米)行走一圈。在这两种情况下,他的头都比脚经过的距离要长。当他绕赤道行走时,与绕太空舱行走时相比,他的头经过的距离会长多少?

让我们考虑一种极端情况,这个人的脚贴着一根可旋转的轴,他伸直身体绕着这根轴完整转过一圈。我们必须求出他的头经过的距离,而就我们的目的而言,他的脚经过的距离几乎为零。

与我们之前的问题类似,由于脚经过的距离几乎为零,我们就认为脚经过的距离为零。所以我们只需要求出一个半径为 1.8 米的圆的周长,

即 $C = 2\pi r = 2\pi \times 1.8 \approx 11.31$（米）。

这也可以在"倒置"的形式中看到，也就是说，一个空中飞人用手抓住一根横杠，并绕其旋转，现在他的手取代了他的脚，而他的脚取代了他的头（图7.19）。

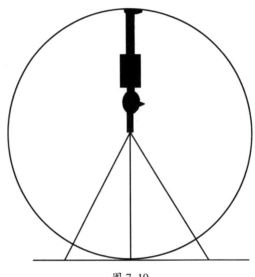

图 7.19

在所有这些情况中，我们注意到圆的大小并不是关键所在；更确切地说，只有 π 的值才能给我们所寻求的东西。这应该会让你更加体会到 π 的威力。

另一件令人惊奇的事

既然你的直觉已经被绕地球的绳子带来的惊人结果戏弄了,那么我们来提出另一种可能的情况。这根比赤道周长要长 1 米的绳子现在不再等间距地与赤道分开,而是被地球外部一个点拉紧。请记住,当此绳等距地在赤道上方时,它与赤道之间只有 16 厘米的间距。现在你会感到惊讶:将这根加长 1 米的绳子从一个点拉紧,而绳子的其余部分"紧贴"地球表面,这个点会处在地球表面上方约 122 米的地方。

让我们来看看为什么会这样。这一次的答案显然取决于地球的大小,而不仅仅取决于 π,但请记住,π 在这里也会发挥作用。

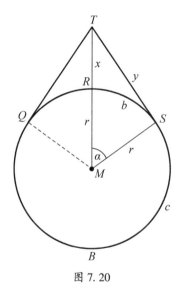

图 7.20

如图 7.20 所示,比赤道周长长 1 米的绳子被地球外部一点 T 拉紧,使其紧贴地球表面,直到它确定了两个切点(S 和 Q)。我们要求出这个点 T 离地球表面有多高。这意味着我们要设法求出 x,即 RT 的长度。

记住,从 B 通过 S 到 T 的这段绳子的长度比赤道周长的一半长 0.5 米。因此,$\overparen{BS}+ST=\overparen{BSR}+0.5$ 米。我们现在要设法求出 RT(即 x)的长度。

让我们来回顾一下:绳子在弧 $\overparen{SBQ}$ 上,弧 $\overparen{SBQ}$ 的两端为点 S 和点 Q,

ST 和 QT 为两条切线。图 7.20 中标记了各长度，并且 $\alpha = \angle RMS = \angle RMQ$。

绳子的长度 $= 2\pi r + 1$，于是我们得到下列关系：

$y = b + 0.5$，也就是 $b = y - 0.5$（y 比 b 长 0.5 米，因为绳子加长了 1 米）。

在 $\mathrm{Rt}\triangle MST$ 中应用正切函数：$\tan\alpha = \dfrac{y}{r}$，因此 $y = r \cdot \tan\alpha$。

根据弧长与圆心角大小的关系，我们可以得到

$$\frac{b}{\alpha} = \frac{2\pi r}{360^\circ}，\text{由此我们可以得到 } b = \frac{2\pi \cdot r \cdot \alpha}{360^\circ}$$

由于 $C = 2\pi r$，我们可以求出地球的半径（假设赤道长度恰好为 40 000 000 米）

$$r = \frac{C}{2\pi} = \frac{40\ 000\ 000}{2\pi} \approx 6\ 366\ 198(\text{米})$$

结合上面各式，我们得到如下结果：

$$b = \frac{2\pi \cdot r \cdot \alpha}{360^\circ} = y - 0.5 = r \cdot \tan\alpha - 0.5$$

我们现在面临着一个困境：这个方程不能用传统的方法求出唯一解。我们表 7.3 中列出可能的试验值，看看什么值合适（即满足方程）。

$$\frac{2\pi \cdot r \cdot \alpha}{360^\circ} = r \cdot \tan\alpha - 0.5$$

我们将使用上面求得的 $r = 6\ 366\ 198$（米）这个值。

表 7.3

α	$b = \dfrac{2\pi \cdot r \cdot \alpha}{360^\circ}$	$b = r \cdot \tan\alpha - 0.5$	数值比较（一致的位数——粗体）
30°	**3 333 333**. 478	**3** 675 525. 629	1
10°	**1 111 111**. 159	**1 1**22 531. 972	2
5°	**555 555**. 5797	**55**6 969. 6548	2
1°	**111 111**. 1159	**111 1**21. 8994	4
0.3°	**33 333**. 334 78	**33 333**. 139 40	5
0.4°	**44 444**. 446 37	**44 444**. 668 44	5

α	$b=\dfrac{2\pi \cdot r \cdot \alpha}{360°}$	$b=r \cdot \tan\alpha-0.5$	数值比较（一致的位数——粗体）
0.35°	**38 888.**890 58	**38 888.**874 31	6
0.355°	**39 444.**446 16	**39 444.**450 91	6
更确切地			
0.353°	**39 222.**223 93	**39 222.**220 20	7
0.354°	**39 333.335** 04	**39 333.335** 54	**8**
0.3545°	**39 388.**890 60	**39 388.**893 23	7
0.355°	**39 444.**446 16	**39 444.**450 91	6

我们的各种试验表明,这两个值最接近的匹配发生在 $\alpha=0.354°$。

对于这个 α 值,$y=r \cdot \tan\alpha \approx 6\,366\,198\times0.006\,178\,544\,171 =$ 39 333.835 54(米),约 39 334 米。

因此,这根绳子从球面的切点 S 到顶点 T 的距离几乎有 40 千米。但是这根绳子离地球表面有多高?也就是说,x 的长度是多少?

对 Rt$\triangle MST$ 应用毕达哥拉斯定理,我们得到 $MT^2=r^2+y^2$。

$MT^2=(6\,366\,198)^2+(39\,334)^2=40\,528\,476\,975\,204+1\,547\,163\,556=$ 40 530 024 138 760(米)

所以 $MT \approx 6\,366\,319.513$(米)

我们现在来求 x,它是 $MT-r \approx 121.512\,019\,2$(米),约 122 米。

这一结果可能令人惊讶,因为我们会凭直觉认为,与地球的周长(40 000 千米)相比,多出的 1 米几乎必定不会起什么作用。但这是错误的!球越大,就可以把绳子拉得离它越远。

在极端情况下,赤道半径减小为零,我们得到 x 的最小值,即 $x=$ 0.5 米。

因此,我们已经看到,π 也可以扮演一个"愚弄"我们或戏弄我们的直觉方面的角色。这告诉我们,圆的周长与直径之比在数学中是一个非常特殊的数。因此,从现在起,你永远应该对这个叫作 π 的数给予足够的重视。它应该作为一个非常特殊的数在你的数学思维中占有一席之地。

结语

　　到现在,你已经可以自信地说你知道 π 是什么了。它源于圆的周长与其直径的恒定比值。世界上最伟大的数学家们为确定它的精确值奋斗了4000多年,结果只是得出了它的近似值,在本书英文版出版时,这个近似值已精确到小数点后 1.24 万亿位。尽管没有建立其确切的十进制等价值,但我们仍能够在大量应用中使用这个概念,其中一些我们在本书中已经作了介绍。π 的概念也为我们提供了一些奇趣和其他形式的趣味数学。这应该让读者有动力去寻找这个无处不在的数的更多性质。

后记

数学迷人的一个方面在于,在该学科中表面上看起来互不相关的分支之间,却有着无穷无尽的联系。我从小时候起就被无处不在的 π 迷住了。我们从学生时代就知道,π 的定义是一个圆的周长与其直径之比。然而,π 似乎在数学中处处出现,甚至出现在几何领域之外。这本令人愉快的书会使你非常广泛地了解到 π 的历史及其表现。这个定义隐含了一个假设:π 对所有圆都具有相同的值,无论是大的圆还是小的圆。圆的这一特性早已为人们所知,现在看来几乎已不可能讲清发现这一特性的时间、地点和环境了。

对我来说,π 最突出的方面在于,它展示了我们一些最伟大数学家的真正天分。具体来说,阿基米德和欧拉在研究 π 时表现出了他们的一些最伟大的天分。在本书的前面,你接触到了他们的工作。现在,我想重温一下这些数学家所展现的杰出洞察力。

阿基米德确定 π 值的尝试基于这样一个假设:圆的周长在圆的具有相同边数的内接和外切正多边形的两个周长之间,并且随着边数的无限增加,这些正多边形的周长也会无限逼近圆的周长。我们从一个单位半径的圆开始。因此,其周长等于 2π,半周长等于 π。我们在这个圆中内接一个半周长为 b_1 的等边三角形,并外切一个半周长为 a_1 的等边三角形(图 H.1)。

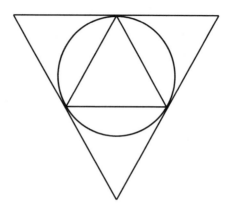

图 H.1　单位半径的圆及其内接和外切等边三角形

显然，b_1 和 a_1 是 π 的非常粗略的近似值；b_1 小于 π，a_1 大于 π，用符号可表示为

$$b_1 < \pi < a_1 \tag{1}$$

为了更好地得到 π 的近似值，我们将内接和外切正多边形的边数加倍。因此，我们在圆中内接一个半周长为 b_2 的正六边形，并外切一个半周长为 a_2 的正六边形（图 H.2）。和前一种情况一样，b_2 和 a_2 显然是 π 的近似值，仍然是粗略的近似，但比前一种情况要好；b_2 小于 π，而 a_2 大于 π：

$$b_2 < \pi < a_2 \tag{2}$$

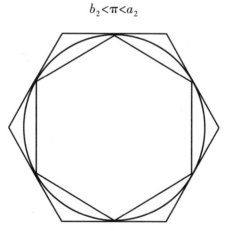

图 H.2　单位半径的圆及其内接和外切正六边形

此外,比较图 H.1 和图 H.2 可以明显看出

$$\pi > b_2 > b_1 \ \text{和} \ \pi < a_2 < a_1 \tag{3}$$

我们这样继续下去,就像阿基米德早在 2000 多年前所做的那样,将内接和外切正多边形的边数(称为 N)都不断加倍,直到 $N = 96$ 的情况($N = 12$ 的情况见图 H.3):

$$N = 3, 6, 12, 24, 48, 96 \tag{4}$$

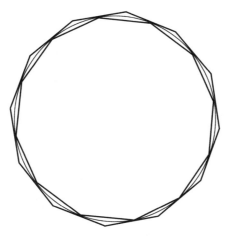

图 H.3　单位半径的圆及其内接和外切正十二边形

六个内接正多边形的半周长 $b_1, b_2, \cdots, b_6$ 和六个外切正多边形的半周长 $a_1, a_2, \cdots, a_6$ 给出了 π 的越来越精确的近似值,这在 $N = 12$ 时已经很明显了(图 H.3)。

跟之前一样

$$b_n < \pi < a_n, n = 1, 2, \cdots, 6 \tag{5}$$

$$\pi > b_6 > b_5 > \cdots b_1, \pi < a_6 < a_5 < \cdots < a_1 \tag{6}$$

现在可以很容易地验证,由于内接和外切正多边形的边数连续加倍,因此 N 由以下简单公式给出:

$$N = 3 \times 2^{n-1}, n = 1, 2, \cdots, 6 \tag{7}$$

从而当 $n = 1$ 时,$N = 3$;当 $n = 2$ 时,$N = 6$;当 $n = 3$ 时,$N = 12$;$\cdots$;直到最后当 $n = 6$ 时,$N = 96$。

接下来,我们要提到阿基米德是如何通过下面这对非凡的公式递归

地计算出 a_n 和 b_n 的值：

$$\frac{1}{a_{n+1}} = \frac{1}{2}\left(\frac{1}{a_n} + \frac{1}{b_n}\right) \qquad (8)$$

$$b_{n+1} = \sqrt{a_{n+1}b_n} \qquad (9)$$

我们从 a_1 和 b_1 的值开始，这两个值用初等几何很容易得到

$$a_1 = 3\sqrt{3} \approx 5.196\,152, \quad b_1 = \frac{3}{2}\sqrt{3} \approx 2.598\,076 \qquad (10)$$

然后设（8）式中的 $n=1$，首先计算出 a_2 的值，然后使用式（9），再次设 $n=1$，计算出 b_2 的值。随后，设式（8）中的 $n=2$，并使用 a_2 和 b_2 的已知值，计算出 a_3 的值。设式（9）中的 $n=2$，并使用现在已知的 a_3 和 b_2 的值，然后计算 b_3 的值，以此类推。阿基米德用这种方法求出 $a_1, a_2, \cdots, a_6$ 和 $b_1, b_2, \cdots, b_6$ 的值。尽管阿基米德不知道十进制记数法，但我们可以用这种记数法来简要概括他的结果：

$$a_6 \approx 3.1426, \quad b_6 \approx 3.1410 \qquad (11)$$

这产生了精确到小数点后两位的 π 值，并最终得到

$$\frac{223}{71} \approx 3.1408 < b_6 \approx 3.1410 < \pi \approx 3.141\,59 < 3.1426 \approx a_6 < 3.1429 \approx \frac{22}{7}$$

$$(12)$$

于是就得到了他的著名估计值

$$\frac{223}{71} < \pi < \frac{22}{7} \qquad (13)$$

阿基米德在这里停了下来，可能是因为计算变得过于困难。但我们没有必要停下来，因为现在有了十进制，还有了计算器。例如，经过简单的计算，我们发现

$$\pi < a_{13} = 3.141\,592\,72, \quad \pi > b_{13} = 3.141\,592\,62 \qquad (14)$$

$$\pi < a_{14} = 3.141\,592\,67, \quad \pi > b_{14} = 3.141\,592\,65 \qquad (15)$$

这给出了 π 的精确到小数点后 7 位的值。

当然，现在有了高速自动计算机，我们可以走得更远。特别是，我们可以在几秒钟内求出 $a_{30}, a_{40}, b_{30}, b_{40}$ 等的值，得到的 π 值至少可以精确

到小数点后 30 位。

我们在离开式(8)和式(9)这两个非凡的公式前,还应作进一步的讨论。

首先请注意,式(8)中给出的 $\frac{1}{a_{n+1}}$ 是 $\frac{1}{a_n}$ 和 $\frac{1}{b_n}$ 的算术平均值,因此它的值介于 $\frac{1}{a_n}$ 和 $\frac{1}{b_n}$ 之间。

或者,我们也可以说 a_{n+1} 是 a_n 和 b_n 的调和平均值,并且它的值也是介于 a_n 和 b_n 之间。因此,由于随着 n 的增大,a_n 和 b_n 逐渐逼近 π,其中 a_n 从上向下逼近,b_n 从下向上逼近,因此我们自然预计 a_{n+1} 会比 a_n 和 b_n 更接近 π,正如几何解释已经表明的那样。

同理,我们可以说式(9)中给出的 b_{n+1} 是 a_{n+1} 和 b_n 的几何平均值,因此它的值介于 a_{n+1} 和 b_n 之间,和之前一样,我们自然可以预计 b_{n+1} 会比 a_{n+1} 和 b_n 更接近 π。将 $\pi = 3.141\ 592\ 653\ 589\ 793\ 238\ 462\ 643\ 383\cdots$ 这一已知值与 a_n 或 b_n 的各值的比较就能证实这些预计。

关于这一点,我们应该参考图 H.4,并注意到弦 AB 比 AC 和 BC 的长度之和更接近弧 $\overset{\frown}{AB}$ 的长度。这用符号形式可表示为

$$\overset{\frown}{AB}-AB<AC+BC-\overset{\frown}{AB} \tag{16}$$

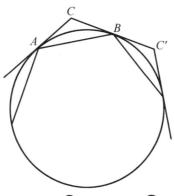

图 H.4　$\overset{\frown}{AB}-AB<AC+BC-\overset{\frown}{AB}$

用 CC' 代替 $AC+BC$,得到

$$\overset{\frown}{AB}-AB<CC'-\overset{\frown}{AB} \tag{17}$$

并由此断定

$$\pi - b_n < a_n - \pi \tag{18}$$

或者就 π 的近似值而言，b_n 比 a_n 更好，正如像式（12）这样的一些式子所表明的那样。

当然，边数 $N=3,6,12,24,\cdots$ 的正多边形并没有什么神圣之处。我们不妨从内接和外切正方形开始，将边数量连续加倍，从而得出以下序列：

$$N = 4,8,16,32,64,\cdots \tag{19}$$

它们分别对应于

$$n = 1,2,3,4,5,\cdots \tag{20}$$

因此

$$N = 2^{n+1} \tag{21}$$

现在用 a_1 和 b_1 分别表示此时的外切和内接正方形的半周长，得到

$$a_1 = 4, b_1 = 2\sqrt{2} \approx 2.828\ 427\ 12 \tag{22}$$

这两个式子代替了原来的式（10）。

如果现在将 a_n 和 b_n 分别定义为具有 $N = 2^{n+1}$ 条边的外切和内接正多边形的半周长，那么我们仍然可以使用跟之前相同的递归公式，即式（8）和式（9）来计算 a_n 和 b_n。由于初始情况不同了，因此式（22）与式（10）就不同了，因此我们得到了不同的序列

$$a_1,a_2,a_3,\cdots;b_1,b_2,b_3,\cdots \tag{23}$$

不过，它越来越接近 π。读者可能想进行这一计算，记住现在是从式（22）[而不是式（10）]开始，并使用与之前相同的递归公式（8）和（9）来计算 $n>1$ 时的 a_n 和 b_n。

在离开阿基米德之前，我们一定得简要地提到他的两项最伟大的成就，特别是因为它们首次表明了 π 无处不在的本质。这两项成就正是他用球的半径来表示球的体积和表面积的著名公式，阿基米德本人有充分的理由对此感到特别自豪。阿基米德发现，如果用 V 和 S 分别表示半径为 r 的球的体积和表面积，那么 $V = \dfrac{4}{3}\pi r^3$ 和 $S = 4\pi r^2$。这是阿基米德分

析球和外切圆柱的简单结果,他的分析表明球的体积和球的表面积分别等于其外切圆柱的体积和其外切圆柱的表面积(包括底面积)的三分之二。根据历史学家普鲁塔克(Plutarch)的记载,阿基米德本人在生前曾表达过这样的愿望:在他的坟墓上放置一个球及其外切圆柱,并刻上他发现的这两个物体的体积之比。

几个世纪以来,无穷级数这个主题一直吸引着数学家。其中特别令人感兴趣的是收敛问题。在收敛时,与它们的求和有关的问题是最重要的。不过,直到 17 世纪,人们对无穷级数求和的兴趣才变得特别强烈,并且很大程度上在数学家雅各布·伯努利的影响下,取得了巨大的进步。然而,有一个特殊的级数,对它的求和构成了一个不可逾越的障碍。这个级数就是所有正整数的平方的倒数和:

$$1+\frac{1}{2^2}+\frac{1}{3^2}+\frac{1}{4^2}+\cdots \tag{24}$$

这个级数长期以来一直被认为是收敛的,它的求和虽然看起来很简单,却令所有的尝试都失败了。即使是雅各布·伯努利,他成功地求出了看上去复杂得多的级数的和,最终也不得不承认失败。但在那之前,他已经向整个数学界提出挑战:解决这个所谓的巴塞尔问题(Basel problem),即级数(24)的求和。然而,这个问题的难度如此之高,以至于要到 1735 年,也就是雅各布·伯努利去世几十年后,年轻的(当时年仅 28 岁)欧拉才给出了解答:

$$1+\frac{1}{4}+\frac{1}{9}+\frac{1}{16}+\cdots=\frac{\pi^2}{6} \tag{25}$$

还有什么比这更美、更出乎意料吗?毕竟,从 π 的定义来看,谁会想到它竟然会与正整数有如此密切的关系呢?

欧拉的解答是一个简单明了的典范。他仅用两种方式来表达函数 $\frac{\sin x}{x}$,第一种是无穷级数,第二种是无穷乘积:

$$\frac{\sin x}{x}=1-\frac{x^2}{3!}+\frac{x^4}{5!}-\frac{x^6}{7!}+\cdots=\left(1-\frac{x^2}{\pi^2}\right)\left(1-\frac{x^2}{4\pi^2}\right)\left(1-\frac{x^2}{9\pi^2}\right)\cdots \tag{26}$$

比较这两个表达式,经过简单的分析,即可得出式(25)中的和。这一论证不仅给出了式(25)中的和,而且还有一个意义非常深远的扩展,使欧拉得以求出了四次幂的倒数和、六次幂的倒数和,等等。

$$1 + \frac{1}{2^4} + \frac{1}{3^4} + \frac{1}{4^4} + \cdots = \frac{\pi^4}{90} \tag{27}$$

$$1 + \frac{1}{2^6} + \frac{1}{3^6} + \frac{1}{4^6} + \cdots = \frac{\pi^6}{945} \tag{28}$$

以此类推。式(25)—(28)自然会令人感到疑惑,为什么 π,即圆的周长与其直径之比,竟然会与整数的偶数幂如此出乎意料地相关?

欧拉得出了式(25)—(28),这就自然地引出了正整数的奇数幂的倒数的求和问题,例如:

$$\frac{1}{1^3} + \frac{1}{2^3} + \frac{1}{3^3} + \cdots \tag{29}$$

$$\frac{1}{1^5} + \frac{1}{2^5} + \frac{1}{3^5} + \cdots \tag{30}$$

等等。尽管自欧拉的时代以来,许多数学家为求出这些级数的和付出了极大的努力,但没有一个人成功。除了法国数学家阿佩里(Roger Apery,1916—1944)提出的级数(29)代表一个无理数这一有趣结果,人们对这个家族中的其他级数几乎一无所知。

因此,奇正整数的奇数幂的交替级数揭示出了它们的一些秘密,这不仅是一件令人惊讶的事情,而且令人非常感兴趣。例如:

$$1 - \frac{1}{3} + \frac{1}{5} - \frac{1}{7} + \cdots = \frac{\pi}{4} \tag{31}$$

$$1 - \frac{1}{3^3} + \frac{1}{5^3} - \frac{1}{7^3} + \cdots = \frac{\pi^3}{32} \tag{32}$$

$$1 - \frac{1}{3^5} + \frac{1}{5^5} - \frac{1}{7^5} + \cdots = \frac{5\pi^5}{1536} \tag{33}$$

等等。可以看到这些级数中的每一个和都是一个有理数和 π 的奇数次幂的乘积。这让人想起了级数(25)、(27)和(28),它们涉及的是 π 的偶数次幂。令人惊讶的是,π 以某种神秘的方式与正整数如此简洁地联系在一起。

正如你在这本书中所看到的，π 有很多奇趣之处，它们都有着各自的吸引力。请考虑以下情况：如果一个数的因数除了 1 之外没有其他任何完全平方数，我们就说它是一个无平方因子数。例如，15 这个数就是一个无平方因子数，因为它大于 1 的因数只有 3、5 和 15，而它们都不是完全平方数。另一方面，45 这个数不是一个无平方因子数，因为它可以被 9 = 3^2 整除，而 9 是一个完全平方数。

随机选择的一个数，它是无平方因子数的概率是多少？你会相信这个问题的答案是 $\frac{6}{\pi^2} \approx 0.6079$ 吗？如果你难以接受这一点，我建议你试一试。随机选择 100 个数字，数出其中无平方因子数的个数，比如说是 m 个。此时 $\frac{m}{100}$ 的比值是否约等于 0.6079？

更好的做法是，在所有小于或等于 100 的数中，数出无平方因子数的个数。你的结果是 61 个吗？$\frac{61}{100}$ 的比值难道不是约等于 0.6079 吗？

或者，设 $\frac{6}{\pi^2} \approx 0.61$，我们会发现

$$\pi \approx \left(\frac{6}{0.61}\right)^{\frac{1}{2}} \approx 3.136 \qquad (34)$$

这是 π 的一个不错的近似值，这个数值纯粹是通过实验得到的。

当然，选择所有小于 100 的数和随机选择 100 个数并不是一回事。因此，严格说来，需要进一步的理由来验证这一程序，但这超出了这篇后记的范围。

如果你对于用 100 个样本得到的这个相当粗略的近似值还不满意，你可以用更大的样本量做同样的实验，比如说 1000 个数。这是估算 π 值的一个好方法吗？

另一个令人好奇的问题，它同样与 π 的几何概念基础相距甚远，那就是涉及互素数的问题。如果两个数除了 1 以外没有其他公因数，就称

它们是互素的。例如,10 和 21 这两个数是互素的,因为它们没有大于 1 的公因数。另一方面,15 和 24 这两个数就不是互素的,因为它们都能被 3 整除。

随机选择两个数 p 和 q,它们互素的概率是多少? 令人难以置信的是,答案又是 $\dfrac{6}{\pi^2}$。和前面一样,我们可以利用这个结果,通过实验来估算 π 的值。试一下,使你对此深信不疑!

这些奇趣提供了进一步令人信服的证据,表明 π 这个数会在许多不同的场合下频繁出现。我们已经看到它表现为圆的周长与其直径之比(根据定义);出现在测量球的体积和表面积的公式中;以许多形式出现在无穷级数的和中;最后,作为概率的度量出现。我们还能希望找到更令人信服的例子来表明 π 这个数的核心重要性以及数学的所有方面之间的相互关联性吗?

我必须承认,我很高兴受邀写这篇后记,因为它让我能再次与波萨门蒂博士讨论数学问题。渐渐地,我重新审视 π 的热情增长了。我重温了阿基米德的著作,这一次我发现了我以前从未见过的东西,让我对这位才华横溢的数学家产生了更大的惊奇。有了超级计算机,我能够涉足我年轻时无法想象的那些领域。例如,我发现了这颗绝对光彩夺目的宝石,我忍不住要与各位读者分享:

$$1-\frac{1}{3^{11}}+\frac{1}{5^{11}}-\frac{1}{7^{11}}+\cdots = \frac{19\times2659}{2^{10}\times3^4\times5^2\times7}\pi^{11}$$

谁知道这个无处不在的数接下来会出现在哪里? 甚至在我获得诺贝尔奖的晶体学研究中,π 也经常出现。[1] 这本给人带来快乐的书通过清晰的阐述使你看清了 π 实际上代表了什么,它出现在哪里,可以如何使用它,它的许多奇怪的特性,以及使我们知道它现在的已知值的整个历史。我直到受邀写这篇后记才重新审视了 π,结果被这个不可思议的数

---

[1] 豪普特曼博士于 1985 年获得诺贝尔化学奖,并被誉为第一位获得诺贝尔奖的数学家。——原注

迷住了,这本书也会使你随着这个名为 π 的迷人的数所提供的乐趣,有机会重温一些初等数学。我猜测,你的惊奇会随着阅读本书的每一节而增加。

豪普特曼博士

诺贝尔奖获得者(1985 年化学奖)

豪普特曼·伍德沃德医学研究所

(Hauptman-Woodward Medical Research Institute)所长

2004 年 4 月

纽约州水牛城

附录 A　等价于圆度量的一个直线度量的三维例子

　　在涉及圆的一些测量时，π 总是扮演着重要的角色。它很少（如果有的话）在度量一个直线图形（由直线组成的图形）中发挥作用。因此，圆形图形的度量很少与直线图形的度量完全相等（平面上的一个例外可以在第 2 章找到）。现在我们要展示一个三维的例子，其中一个圆形图形和一个直线图形的体积相等。

　　几何学中有一条著名的定理是由意大利数学家卡瓦列里（Cavalieri，Francesco Bonaventura，1598—1647）①提出的，如今被称为卡瓦列里原理。② 这条原理指出："如果一个随机选择的平面与两个立体图形相截所得的面积总是相等，那么这两个立体图形的体积相等。"著名数学史学家伊夫斯利用卡瓦列里原理巧妙地证明了"存在一个与给定球体积相等的四面体"，或者正如他所说，这两个立体图形是"卡瓦列里全等的"。为

---

① 他是伽利略的一名学生。——原注
② 中国古代著名数学家祖冲之、祖暅父子对该原理的发现和运用要比卡瓦列利早 1000 年，因此该原理又称为祖暅原理。——译注

此，他获得了 1992 年波利亚奖(George Polya Award)。① 这一发现的美妙之处在于陈述的深刻性和证明的相对简单性——正如获奖声明所言，这一结果会让"古代几何学家将其刻在他们的墓碑上"。

现在让我们来看看这个巧妙的证明。请注意 π 在证明中所起的不同寻常的作用。

我们从一个球和两个平行的平面开始(图 A.1)，这两个平面分别与球相切于其"北极和南极"。接下来，我们在每个平面上各作一条线段，AB 和 CD，它们长度均为 $2r\sqrt{\pi}$，但方向是相互垂直的，并且连接这两条线段中点的线 MN 是它们的公垂线。然后，我们将这两个线段的端点连接起来，形成四面体 $ABCD$。

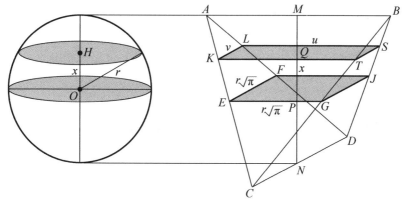

图 A.1

现在，我们再作两个平行于刚才那两个平面的平面：一个通过球心，另一个在其上方 x 个单位长度处。前一个平面与该四面体相截所得的是

---

① Howard Eves, "Two Surprising Theorems on Cavalieri Congruences," *College Mathematics Journal* 22, no. 2 (March 1991): 123-124. ——原注
波利亚(George Pólya, 1887—1985)，匈牙利裔美国数学家和数学教育家，主要研究范围包括复变函数、概率论、数论、数学分析、组合数学等。他长期从事数学教学，对数学思维的一般规律有深入的研究，他在这方面著作《怎样解题》(*How to solve it*)、《数学的发现》(*Mathematical discovery*)、《数学与猜想》(*Mathematics and plausible reasoning*)等都有中译本。——译注

一个边长为 $r\sqrt{\pi}$ 的正方形。原因是线段 EF、EG 连接三角形两边的中点，$EF=\dfrac{1}{2}CD$，$EG=\dfrac{1}{2}AB$，而 $AB=CD$，所以 $EF=EG$。通过球心的平面上方 x 个单位长度并与之平行的那个平面与四面体相截所得的是一个边长为 u 和 v（KT 和 KL）的矩形 $LSTK$。

这个不通过球心的平面与球相截所得的圆 H 的半径为 $\sqrt{r^2-x^2}$（毕达哥拉斯定理），因此面积为 $\pi(r^2-x^2)$。

现在让我们来看看相似三角形 $\triangle KTC$ 和 $\triangle EGC$。它们的相似比由两个平行平面的位置决定：这两个平面是通过球心的平面（与 CD 相距 r）和与之相距 x 的平面。

即 $\dfrac{NQ}{NP}=\dfrac{r+x}{r}$，该式等于 $\dfrac{KT}{EG}$。

因此

$$\frac{r+x}{r}=\frac{u}{r\sqrt{\pi}}① \tag{1}$$

同理，相似三角形 $\triangle AKL$ 和 $\triangle AEF$ 的相似比为 $\dfrac{r-x}{r}$。

因此

$$\frac{KL}{EF}=\frac{r-x}{r}，即\frac{v}{r\sqrt{\pi}}=\frac{r-x}{r} \tag{2}$$

将式（1）和式（2）相乘，得到

$\dfrac{uv}{r^2\pi}=\dfrac{(r+x)(r-x)}{r^2}$，即矩形 $LSTK$ 的面积 $uv=\pi(r+x)(r-x)=\pi(r^2-x^2)$，而这就是圆 H 的面积。

因此，圆 H 的面积和矩形 $LSTK$ 的面积是相等的。因此，根据卡瓦列里原理，这个四面体的体积就等于球的体积。

---

① 过该球球心的平行平面将连接两个"极"平面上各点的所有线段平分。因此，$MP=NP$。——原注

附录 B 拉马努金的研究[①]

在这方面,注意到下列关于 π 的简单几何作图可能会很有兴味。第一个给出了常见的值 $\dfrac{355}{113}$。第二个作图则给出了第 3 章提到的值 $\left(9^2+\dfrac{19^2}{22}\right)^{\frac{1}{4}}$。

（1）设 AB 是以 O 为圆心的圆的一条直径(图 B.1)。

M 是 AO 的二等分点,T 是 OB 的三等分点。

作 AB 的垂线 TP,与圆相交于点 P。

作一根长度等于 PT 的弦 BQ,然后连接 AQ。

作 BQ 的平行线 OS 和 TR,它们分别与 AQ 相交于点 S 和 R。

作一根长度等于 AS 的弦 AD 和一条等于 RS 的切线 AC。

连接 BC、BD 和 CD。在 BD 上截出 BE,使其等于 BM。作 CD 的平行线 EX,与 BC 相交于 X。

于是以 BX 为边长的正方形就与该圆的面积非常接近,当直径为 40 英里时,误差小于十分之一英寸。[②]

---

① 最初刊于 Srinivasa Ramanujan, "Modular Equations and Approximations to it," *Quanerly Journal of Mathematics* 45（1914）：350—357。转载于 *S. Ramanujan: Collected Papers*, ed. G. H. Hardy, P. V. Seshuaigar, and B. M. Wilson（New York：Chelsea, 1962）, pp. 22–39。——原注

② 相当于当直径为 64 千米时,误差小于 2.5 毫米。——译注

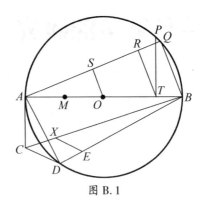

图 B.1

（2）设 AB 是以 O 为圆心的圆的一条直径(图 B.2)。

C 是弧 $\overparen{ACB}$ 的二等分点，T 是 AO 的三等分点。

连接 BC，并在 BC 上截出 CM 和 MN，使其长度等于 AT。

连接 AM 和 AN，并在 AN 上截出 AP，使其长度等于 AM。

过 P 作 MN 的平行线 PQ，与 AM 相交于点 Q。

连接 OQ，并过 T 作 OQ 的平行线 TR，与 AQ 相交于 R。

作 AS 垂直于 AO 且长度等于 AR，然后连接 OS。

这样，OS 和 OB 的比例中项就会非常接近圆周长的 $\frac{1}{6}$，当直径为

8000 英里时，其误差小于 $\frac{1}{12}$ 英寸。①

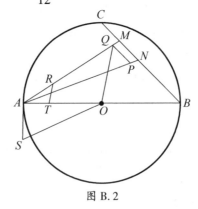

图 B.2

———————————

① 相当于当直径为 12 875 千米时，误差小于 2.1 毫米。——译注

附录 C　证明 $e^\pi > \pi^e$

我们为数学爱好者提供了 $e^\pi > \pi^e$ 这一事实的几个证明。

证明 I :

$y = f(x) = e^x$ 在 **R**(**R** 是所有实数构成的集合)中是单调递增的,即 $x_1 < x_2 \Rightarrow f(x_1) < f(x_2)$。假设我们知道 $e \cdot \ln \pi < \pi$,那么我们可以作出以下推断:

$$e \cdot \ln \pi < \pi \qquad\qquad \Rightarrow$$

$$f(e \cdot \ln \pi) < f(\pi) \qquad\qquad \Rightarrow$$

$$e^{e \cdot \ln \pi} < e^\pi \qquad\qquad \Rightarrow$$

$$(e^{\ln \pi})^e < e^\pi \qquad\qquad \Rightarrow$$

$$\pi^e < e^\pi。$$

证明 II :

$$y = f(x) = x^{\frac{1}{x}} = \sqrt[x]{x}$$

$$y' = f'(x) = x^{\frac{1}{x}-2}(1 - \ln x)$$

$$y' = 0 \qquad\qquad \Rightarrow$$

$$x = e \qquad\qquad \Rightarrow$$

$$f''(e) = -e^{\frac{1}{e}-3} \approx -0.0719 < 0 \qquad \Rightarrow$$

$$x = e \text{ 时为极大值}(见图\ C.1) \qquad \Rightarrow$$

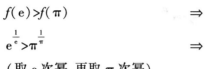

$f(\mathrm{e})>f(\pi)$ $\Rightarrow$

$\mathrm{e}^{\frac{1}{\mathrm{e}}}>\pi^{\frac{1}{\pi}}$ $\Rightarrow$

（取 e 次幂,再取 π 次幂）

$\mathrm{e}^{\pi}>\pi^{\mathrm{e}}$。

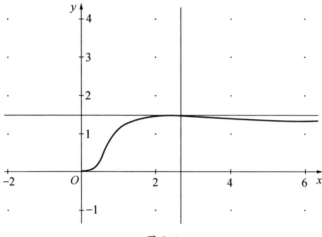

图 C.1

证明Ⅲ：

$y=f(x)=x^{\frac{1}{x}}=\sqrt[x]{x}$ $\Rightarrow$

$\ln y=\ln x^{\frac{1}{x}}$ $\Rightarrow$

$\ln y=\dfrac{1}{x}\ln x$ $\Rightarrow$

$\dfrac{y'}{y}=\dfrac{1-\ln x}{x^2}$ $\Rightarrow$

$y'=0$ $\Leftrightarrow$

$1-\ln x=0$ $\Rightarrow$

$x=\mathrm{e}$

$y''(\mathrm{e})<0$ $\Rightarrow$

$x=\mathrm{e}$ 时为极大值。

接下来的证明与证明Ⅱ中相同。

证明 Ⅵ：

对于 $x>0$，$e^x = 1+x+\dfrac{x^2}{2!}+\dfrac{x^3}{3!}+\cdots$，即 $e^x>1$，$e^x>1+x$。

$\pi>e$ $\qquad\qquad\qquad\qquad$ $\Rightarrow$

$\dfrac{\pi}{e}>1$，$x=\dfrac{\pi}{e}-1>0$；因此，$e^{\frac{\pi}{e}-1}>1+\left(\dfrac{\pi}{e}-1\right)$。

$1+x=1+\left(\dfrac{\pi}{e}-1\right)=\dfrac{\pi}{e}$ $\qquad\qquad$ $\Rightarrow$

$\dfrac{e^{\frac{\pi}{e}}}{e}>\dfrac{\pi}{e}$，然后两边乘 e 得到

$e^{\frac{\pi}{e}}>\pi$ $\qquad\qquad\qquad\qquad$ $\Rightarrow$

$e^{\pi}>\pi^{e}$。

附录 D　围绕正多边形的绳子

我们在这里提供的计算使我们能够对每一种正多边形获得不同的 a 值。

对于等边三角形(图 D.1):

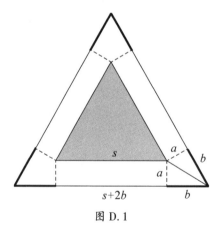

$s+2b$　　b

图 D.1

绳子的长度为 $3s+1$。大三角形的周长为 $3(s+2b)=3s+6b$。

由 $3s+1=3s+6b$,立即得到 $1=6b$,$b=\dfrac{1}{6}$。

我们知道 $\tan 60°$(或 $\tan\dfrac{\pi}{3}$)$=\dfrac{b}{a}$,所以我们得到

$$a = \frac{b}{\tan 60°} = \frac{1}{6\sqrt{3}} = \frac{\sqrt{3}}{18} = 0.096\ 225\ 044\ 86\cdots \approx 0.096,即\ a\ 的长度约为$$

9.6 厘米。

对于正五边形(图 D.2):

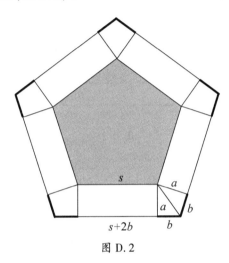

图 D.2

绳子的长度为 $5s+1$。

较大正五边形的周长为 $5(s+2b) = 5s+10b$。

由 $5s+1 = 5s+10b$ 得到 $1 = 10b, b = \frac{1}{10}$。由于 $\tan 36°$(或 $\tan\frac{\pi}{5}$)$= \frac{b}{a}$，

我们得到

$$a = \frac{b}{\tan 36°} = \sqrt{\frac{\sqrt{5}}{250} + \frac{1}{100}} = 0.137\ 638\ 192\ 0\cdots \approx 0.138,这表明两个正$$

五边形之间的距离 a 约为 13.8 厘米。

对于正六边形(图 D.3):

绳子的长度为 $6s+1$。

较大正五边形的周长为 $6(s+2b) = 6s+12b$。

由 $6s+1 = 6s+12b$ 得到 $1 = 12b, b = \frac{1}{12}$。由于 $\tan 30°$(或 $\tan\frac{\pi}{6}$)$= \frac{b}{a}$，

我们得到

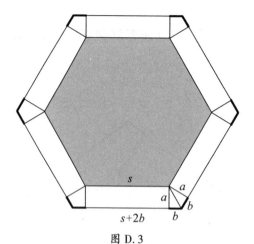

图 D.3

$$a = \frac{b}{\tan 30°} = \frac{3}{12\sqrt{3}} = \frac{\sqrt{3}}{12} = 0.144\ 337\ 567\ 2\cdots \approx 0.144$$，这表明两个正

六边形之间的距离 a 约为 14.4 厘米。

这四个正多边形的例子还表明，绳子与初始多边形的各平行边之间的距离 a 与初始多边形的边长无关。

对于 n 条边的正多边形(称为正 n 边形)绳子的长度是 $ns+1$。

较大正多边形的周长为 $n(s+2b) = ns+2nb$。

由 $ns+1 = ns+2nb$ 得到 $1 = 2nb$，$b = \dfrac{1}{2n}$。由于 $\tan\dfrac{\pi}{n} = \dfrac{b}{a}$，我们得到

$$a = \frac{b}{\tan\dfrac{\pi}{n}} = \frac{1}{2n \cdot \tan\dfrac{\pi}{n}}，\text{或 } a = \frac{\cot\dfrac{\pi}{n}}{2n}$$

参考文献

[1] Badger, L. "Lazzarini's Lucky Approximation of π." *Mathematics Magazine* 67, no. 2 (1994): 83-91.

[2] Ball, W. W. Rouse, and H. S. M. Coxeter. *Mathematical Recreations and Essays*. 13th ed. New York: Dover, 1987, pp. 55, 274.

[3] Beckmann, Petr. *A History of π*. New York: St. Martin's, 1971.

[4] Berggren, Lennart, Jonathan Borwein, and Peter Borwein. *Pi: A Source Book*. New York: Springer Verlag, 1997.

[5] Blatner, David. *The Joy of π*. New York: Walker, 1997.

[6] Boyer, Carl B. *A History of Mathematics*. New York: John Wtley & Sons, 1968.

[7] Castellanos, Dario. "The Ubiquitous Pi." *Mathematics Magazine* 61 (1988): 67-98, 148-163.

[8] Dörrie, Heinrich. "Buffon's Needle Problem." *100 Great Problems of Elementary Mathematics: Their History and Solutions*. New York: Dover, 1965, pp. 73-77.

[9] Eves, H. *An Introduction to the History of Mathematics*. 6th ed. Philadelphia: Saunders, 1990.

[10] Gardner, Martin. "Mathematical Games: Curves of Constant Width."

Scientific American (February 1963): 148–156.

[11] Gardner, Martin. "Memorizing Numbers." *The Scientific American Book of Mathematical Puzzles and Diversions.* New York: Simon and Schuster, 1959, p. 103.

[12] Gardner, Martin. "The Transcendental Number Pi." Chap. 8 in *Martin Gardner's New Mathematical Diversions from Scientific American.* New York: Simon and Schuster, 1966, pp. 91–102.

[13] Gridgeman, N. T. "Geometric Probability and the Number π." *Scripta Mathematica* 25 (1960): 183–195.

[14] Kaiser, Hans, and Wilfried Nöbauer. *Geschichte der Mathematik.* Vienna: Hölder-Pichler-Tempsky, 1998.

[15] Olds, C. D. *Continued Fractions.* Washington, DC: Mathematical Association of America, 1963.

[16] Peterson, Ivars "A Passion for Pi." *Mathematical Treks: From Surreal Numbers to Magic Circles.* Washington, DC: Mathematical Association of America, 2001.

[17] Posamentier, Alfred S. *Advanced Euclidian Geometry.* Emeryville, CA: Key College Publishing, 2002.

[18] Rajagopal, C. T., and T. V. Vedamurti Aiyar. "A Hindu Approximation to Pi." *Scripta Mathematica* 18 (1952): 25–30.

[19] Ramanujan, Srinivasa. "Modular Equations and Approximations to π." *Quarterly Journal of Mathematics* 45 (1914): 350–372. Reprinted in *S. Ramanujan: Collected Papers*, ed. G. H. Hardy, P. V. Seshuaigar, and B. M. Wilson, 22–39. New York: Chelsea, 1962.

[20] Roy, R. "The Discovery of the Series Formula for π by Leibniz, Gregory, and Nilakantha." *Mathematics Magazine* 63, no. 5 (1990): 291–306.

[21] Singmaster, David, "The Legal Values of Pi." *Mathematical Intelligencer* 7, no. 2 (1985): 69–72.

[22] Stern, M. D. "A Remarkable Approximation to π." *Mathematical Ga-*

zette 69, no. 449 (1985): 218-219.

[23] Volkov, Alexei. "Calculation of π in Ancient China: From Liu Hui to Zu Chongzhi." *Historia Scientiarum* 2nd ser. 4, no. 2 (1994): 139-157.